Multiple Correspondence
Analysis

多重対応分析

Brigitte Le Roux・Henry Rouanet［共著］
大隅昇・小野裕亮・鳰真紀子［共訳］

Ohmsha

本書に掲載されている会社名・製品名は，一般に各社の登録商標または商標です．

本書を発行するにあたって，内容に誤りのないようできる限りの注意を払いましたが，
本書の内容を適用した結果生じたこと，また，適用できなかった結果について，著者，
出版社とも一切の責任を負いませんのでご了承ください．

著者について

Brigitte Le Roux（ブリジット・ルルゥ）は，パリ大学[†1] の「応用数学研究所」（MAP5[†2]/CNRS[†3]）および「パリ政治学院政治研究センター[†4]」（Sciences-Po Paris：CEVIPOF[†5]/CNRS）の准教授[†6] である．また，2009 年までパリ大学の数学および情報学部の准教授であった．1970 年，Jean-Paul Benzécri（ジャン＝ポール・ベンゼクリ）のもとで，パリ理科大学[†7]（Faculté des Sciences de Paris，現在はソルボンヌ大学）の博士課程を修了，学位を取得した．2013 年には，ウプサラ大学（スウェーデン）から名誉博士号を授与された．

彼女は，幾何学的データ解析に関して数多くの理論的研究や実際の経験的研究に貢献している．また，学術誌 *Actes de la Recherche en Sciences Sociales* の編集委員会の一員である．
ウェブサイト：www.mi.parisdescartes.fr/~lerb

Henry Rouanet（アンリ・ルアネ）[†8] は，1960 年から 1962 年まで，スタンフォード大学の社会科学分野の数理研究センター（Center for Mathematical Studies in Social Sciences）で，Patrick Suppes（パトリック・サップス）の研究助手であった．そのあと，CNRS の研究ユニットである数学および心理学グループ（Mathematics and Psychology Group）の部門長を務めた．経歴の最後において，パリ大学情報研究所（LIPADE：Laboratoire d'Informatique）で客員研究員を務めた．彼の主な研究関心の対象は，分散分析とそのベイズ流による拡張であった．本書の大半は彼の晩年に書かれた．

著者らは，統計学や幾何学的データ解析について，数多くの論文と何冊かの本を書いている．

著者についての訳注

†1　現在（2019 年時点）はパリ大学（Université de Paris）となった．viii ページの訳注 3 を参照．

†2　MAP5（Mathématiques Appliquées à Paris 5）．https://map5.mi.parisdescartes.fr

†3　CNRS は "Centre National de la Recherche Scientifique" の略称で「フランス国立科学研究センター」のこと．http://www.cnrs.fr/fr/le-cnrs

†4 パリ政治学院（Sciences-Po Paris）はグランゼコールの1つで，フランス各地にある．Sciences-Po（シアンスポ）とはパリ政治学院の通称．

†5 CEVIPOFは "Centre de recherches politiques de Sciences Po" のこと．「パリ政治学院政治研究センター」のこと．http://www.sciencespo.fr/cevipof/fr, https://fundit.fr/en/institutions/centre-recherches-politiques-sciences-po-cevipof

†6 MAP/CNRS，CEVIPOF/CNRSのように肩書きに2つの組織名が並記されているが，これはフランスの研究者は，多くの場合複数の機関に所属しているからである．たとえば，著者（Le Roux氏）の場合，パリ大学の教員であると同時にCNRSの研究員でもあるということ．

†7 パリ理科大学（Faculté des Sciences de Paris）としたが，これは，当時のパリ第6大学（ピエール・マリー・キュリー大学：Université Pierre-et-Marie-Curie）の1部門のこと．

†8 2008年に逝去（1931–2008）．https://journals.openedition.org/bms/3433

叢書編集者 まえがき

　対応分析は，カテゴリカルな変数の間の関係を調べるための記述的な方法である．対応分析は，量的変数に対する主成分分析にとても似ている．

　対応分析は，異なる名称で，さまざまな人々により，さまざまな場所で発展してきた．たとえば，1940年にはR.A. Fisher（フィッシャー）によって提案された．R.A. Fisherは，統計学における20世紀前半の歴史において非常に重要な人物である．しかし，1960年から1970年にかけて対応分析を提案し普及させたのは，そして，「対応分析」（"analyse des correspondances"，アナリーズ・ディ・コレスポンダーンス）という名前を付けたのは，フランスの統計学者であるJean-Paul Benzécri（ジャン＝ポール・ベンゼクリ）である．対応分析は，最初にフランスで広まり，そしてヨーロッパ圏へと普及した．「単純対応分析[†1]」は，分割表における2変数の間の関係を調べる手法として，たとえばR.A. Fisherによって提案された．この場合の主な目的は，主成分分析と同じように，変数間の関係を低次元の空間で近似することである．対応分析の主な目的は，低次元の空間において，分割表における行の類似性（および列の類似性）をなるべく忠実に再現することである．つまり，得られた空間において近い距離にある行は，行ごとに求められる条件付き確率のベクトルが近いものになっている．

　Brigitte Le RouxとHenry Rouanetによって本書で解説されていることは，「多重対応分析」である．多重対応分析は，上述した対応分析の基本的な考えを，複数のカテゴリカルな変数をもつデータへと拡張したものである．多重対応分析が対象とするデータ表は，行が個体で，列がカテゴリーとなっているデータ表である．そのようなデータ表を低次元空間において幾何学的に表すことが多重対応分析の目的である．得られた空間において近い距離にある個体はそれらの個体が似ていることを示し，また，得られた空間において近い距離にあるカテゴリーはそれらのカテゴリーが似ていることを示す．社会学においては，Pierre Bourdieu（ピエール・ブルデュー）の研究によって多重対応分析は有名になった．

　本書においてLe RouxとRouanetは，多重対応分析を入門者向けに詳細に

紹介している．はじめに，多重対応分析の根底にある幾何学的な考え方を紹介している．そして，幾何学に着目し，また，多重対応分析での線形代数とその幾何学がどのように関係しているかを説明している．このようにして，行列の分解という迷路で読者が戸惑うことのないように，多重対応分析を直感的にやさしく理解できるように努めている．また，Le Roux と Rouanet によるアプローチでは，帰納的な方法（本質的には記述的な方法）によって個体を幾何学的に調べることに力点を置いている．たとえば，多重対応分析の計算には直接には使われなかった変数によって個体を分けて，その部分集団に注目したりする．これらの分析は，著者らによって，「追加変数」による「構造化データ解析」と名付けられている．

とくに北米において本書によって多重対応分析の応用が広まることを，希望し，期待してやまない．

編集者注：本書は，QASS シリーズ（Series: Quantitative Applications in the Social Sciences）において，私が編集を手掛けた初めての書である．本書は当初，このシリーズの前の編集者であった Tim Futing Liao のもとで着手された．

—— John Fox
叢書編者

叢書編集者 まえがきの訳注

†1　原書ではここで "simple correspondence analysis" とあるので「単純対応分析」とした．多重
　　対応分析の対比として用いたと思われるが，通常の「対応分析」のことを指している．

謝　辞

本書の執筆にあたり，多くの人々に協力していただいた．とくに，Philippe Bonnet（パリ第5大学），Frédéric Lebaron（ピカルディ大学），Johs Hjellbrekke（ベルゲン大学，ノルウェー）に謝辞を述べたい．大変有用なコメントと励みとなる助言を下さり，実り多い校閲をしていただいた．

また，Jean Chiche と Pascal Perrineau（CNRS[†1]／パリ政治学院[†2]），François Denord と Julien Duval（CNRS，パリ），Louis-André Vallet（CREST，パリ），Geneviève Vincent（パリ第5大学[†3]），Donald Broady と Mikael Börjesson（ウプサラ大学），Mike Savage と Alan Warde（マンチェスター大学，イギリス），Olav Korsnes（ベルゲン大学）に対して，幾何学的データ解析の普及に協力していただいたことに謝辞を述べたい．

パリ政治学院（Sciences-Po Paris）における修士課程の大学院生たちにも感謝する．彼らには，本書の完成前のいくつもの版を調べてもらった．

2006年と2007年のウプサラ大学での秋期講習と，2007年のヨーロッパ社会学センター（パリ）での夏期講習に出席してくれた博士課程の学生と研究員，および，2009年のコペンハーゲン大学での講習に参加した博士課程の学生にも，本書のほぼ最終版に目を通してもらったことに対して感謝する．

叢書編集者である Tim Liao，Vicki Knight，John Fox，および，3人の匿名レビュアーにも，本書を作成する段階で価値あるコメントをいただいたことに対して謝辞を述べたい．

筆者らは，Patrick Suppes（スタンフォード大学）からの協力と励ましに対して深く感謝する．また，何よりも，Pierre Bourdieu からの建設的な協力を記しておきたい．本書は，いまは亡き Pierre Bourdieu へのオマージュである．

謝辞の訳注

†1　iii ページの訳注にも示したように，CNRS は "Centre National de la Recherche Scientifique" の略称で「フランス国立科学研究センター」のこと．

†2　原書の "Institut de Sciences Politiques de Paris" を「パリ政治学院」とした．数行下にあるように，フランスにいくつかある政治学院のうち，パリのそれは "Sciences-Po"（シアンスポ）

と呼称されることがある．ivページの訳注4も参照．

†3　パリ第5大学とパリ第7大学は統合されて「パリ大学」（Université de Paris）となった．

訳者まえがき

　小冊ではあるが非常に興味ある内容の書が，この「多重対応分析」である．日本国内には，多重対応分析について体系的に書かれた本がさほど多くはみられない．本書の原書 "Multiple Correspondence Analysis"[*1] をはじめて手にしたとき，多重対応分析の概要を知るには手頃な内容であり翻訳してみようと思い立った．オーム社の藤沢圭介氏に翻訳の企画を提案したところ快く受け入れていただき，ここに本書の刊行が実現した．

　「多重対応分析」（MCA：Multiple Correspondence Analysis）は，J.-P. Benzécri（ジャン＝ポール・ベンゼクリ）により提唱された質的データの分析手法の1つである．Benzécri は，多重対応分析だけでなく，その元となった「対応分析」（CA：Correspondence Analysis[*2]）の提唱者である．さらに，彼を慕う多くの研究者らと共に，さまざまなデータ解析手法の研究と開発を独自の観点から進め，現在のフランスにおけるデータ解析（"Analyse des Données"）の基礎を築いた先駆者であり非常に独創的な研究者である．

　"Analyse des Données" を英語に直訳すると "Data Analysis"，つまり日本語では「データ解析」となるが，これを字句の通りに受け取ってはいけない．Benzécri のいう "Analyse des Données" とは，より深い意味をもった1つの理念である．Benzécri の考える "Analyse des Données"，ここではこれを "フランス流のデータ解析" と呼ぶが，これを一言で括ることはなかなか難しい．あえてこれを短く表せば「帰納的データ解析」（inductive data analysis）ということになろう．帰納的データ解析とは，帰納的に統計分析・データ分析を進める取り組み方のことをいう．

　誤解をおそれず，これを約めていえば次のようなことである．まず，当該の課題に合った "適切な" データ収集方式（"relevant" data collection mode）を用いてデータを集め，これを「データ・エディティング」（data editing）や

---

*1　フランス語では，"Analyse des Correpondances Multiples" と記す．

*2　フランス語では，"Analyse Factorielle des Correpondances" あるいは "Analyse des Correpondances" と記す．日本国内では「コレスポンデンス・アナリシス」「コレスポンデンス分析」などということもある．

「コーディング」（coding）により分析に適した形の「データ表」（data table）として整える（Benzécriはこの工程を非常に重視していた．本書でも随所にコーディングが重要な操作であることが指摘されている（Murtagh （2005, 第3章），Bastin et al. （1980, 第5章）も参照）．つぎに，このデータ表に基づき，そのデータの特徴を"記述的かつ探索的に"調べ，仮説を見つける（仮説発見）．さらにそれら仮説の説明・解釈に役立つ「統計的モデル」を構築する．そして，データに内在する特徴を洞察する．こうした帰納的データ解析の一連の過程が「帰納的アプローチ」（inductive approach）である．

本書の第1.1節で，幾何学的データ解析の重要な3つの理念の1つとして「帰納主義」を挙げ，《何よりもまず記述的であること！「モデルがデータに従うべきであって，逆であってはならない」》と記しているが，まさにこのことを指している．

日本には，林知己夫により提唱された「数量化法」（quantification method）あるいは数量化理論がある．数量化法には多数の手法（たとえば，数量化Ⅰ類からⅥ類まで）があるが，その1つに「パタン分類の数量化」（数量化Ⅲ類）がある（詳しくは，林知己夫，1977, 1993を参照）．とくにアイテム・カテゴリー型データ表（指示行列，インジケータ行列）に数量化Ⅲ類を適用する手法がある．これは多重対応分析と数理的には同等の結果を与える手法であるが，両者の手法誕生までの経緯，論理展開には大きな違いがある．林の数量化Ⅲ類は最適尺度法の1つと考えられる（質的変数のとりうる値に数量として扱えるスコアを付与し尺度化すること）．一方，Benzécriの多重対応分析は，量的データに適用する主成分分析のように考え，多変量データを幾何学的に解釈し，低次元の空間内に射影することに主眼が置かれている．しかし，Benzécriの主張と林知己夫のそれには，非常に類似したものがある．

林知己夫は，晩年になって「データの科学」（data science）を提唱したが，実は，この考え方は，Benzécriのいうフランス流のデータ解析に通じるものがある．つまり両者の主張は，帰納的アプローチという点で大きく共鳴するものがある．実際に，林知己夫は自書の中で，Benzécriと自らの考え方の相似性や違いについて述べている（林知己夫，2001, 3.7節）．また，Benzécriも林知己夫の研究を高く評価しており，自書の中で林の数量化法について言及している（たとえば，Benzécri，1982, p.110）．

データ解析は，あくまでも科学的かつ実証的でなければならない．そして

前述のように，所与のデータに対して帰納的，記述的に解析を進めることが肝要である．こうした主張のもとに，本書の著者らは「幾何学的データ解析」（GDA：Geometric Data Analysis）を提唱する．幾何学的データ解析とは，幾何学的な解釈に基づきデータを分析する枠組みの総称であり，多変量データ解析手法，たとえば主成分分析，対応分析，多重対応分析などを用いた記述的な表現方法の1つである．その大きな特徴は，これらを幾何学的に解釈することにある．

これは，分析で得られる数値結果を"見える形で俯瞰"すること，情報を視覚化して直観に訴えることであり，さらに現象の観察や解明に役立つ"「雲」*3という思考地図"の形で示すことである．同時に，"数量化された質的情報"を，この思考地図を解釈する手助けとして用いる．たとえば，「個体×質的変数（質問項目など）」のデータ表に多重対応分析を適用して得られる数量化情報である個体やカテゴリーの主座標（スコア）を布置図として，つまり「個体の雲」や「カテゴリーの雲」の情報として見える形に表す．同時に多くの統計的指標（例：相対寄与率，点の寄与率など種々の寄与率，分散率・修正分散率，表現品質など）や検定（例：典型性検定，同質性検定など）を用いて，また変数を使い分けて「構造化データ解析」（SDA：Structured Data Analysis）の観点から内容を吟味し理解する．つまりあくまでも帰納主義的な立場から推論を進めるのである．

本書にもあるように，こうしたアプローチを多用した研究者の一人が，社会科学者として著名なPierre Bourdieu（ピエール・ブルデュー）である．Bourdieuの論理展開や著作は難解をもって知られている．一方，調査データに基づく実証的検証を重んじており，実際に多くの著作の中で多重対応分析を多用してきたことで知られる（たとえば，石井洋二郎（訳），「ディスタンクシオン − 社会的判断力批判（1・2）」，1990）．

本書の著者らがBourdieuとの共同研究の体験から得た，Bourdieu流の社会科学的な観点に立ち，帰納的アプローチによる実際の調査データの分析を通じて多重対応分析を平易に説明しているのが本書である．第1章や第3章に登場する「嗜好調査データの分析」や第6章の2つの事例分析がそのよい例である．

---

*3　本書の原文では "cloud"，フランス語の "nuage" である．

　本書の内容は，Bourdieuの思想を論じる，あるいはそれをなぞるものではない．しかしBourdieu流のデータ解析の骨子である，調査データを通じて人々の行動を観察するという意味では，Bourdieuの主張に通底するものがある．

　Bourdieuはなぜ多重対応分析を多用したのか．これが正しく理解されていないようにみえる．Bourdieuの著作の日本語翻訳版が多数刊行されているが，その中での多重対応分析を適用した場面の記述や解釈が，必ずしも適切とはいえない[*4]．つまり，多重対応分析の元々の発想が正しく理解されていないのである．

　Bourdieuが，古典的な統計解析（たとえば，クロス集計のχ^2検定の利用）の枠を越えて多重対応分析を多用するようになったいきさつは，本書でも短く触れられている．そして，これらの手法の提唱者であるBenzécriとの関係を看過できないであろう．Benzécriが記した，学友でもあったBourdieuへの追悼の辞[*5]（Benzécri, 2006）にあるように，二人の間の密接な交流を通じて，これら手法の効用をBourdieuは十分に熟知し理解していたように思えるのである．換言すると，Bourdieuのデータ解析の作法には，Benzécriのいう "Analyse des Données" の理念やそれを発展させた幾何学的データ解析や構造化データ解析による思考が大きく反映されていることは紛れもない．

　実は，本書の著者の一人，Brigitte Le Rouxは，パリ大学の応用数学の出身であり，Benzécriの薫陶を受けた直弟子の一人である．前述のように，本書の著者らは，Bourdieuの行った調査研究に部分的に関与していたという実績がある．こうした貴重な経験を通じて得たであろうBourdieu流の，そしてBenzécri流のデータ解析の視点から本書は書かれている．

　本書の原書 "Multiple Correspondence Analysis" は，SAGE出版社から多数刊行されている "Quantitative Applications in the Social Sciences – A SAGE University Paper" シリーズの中の1冊である．本シリーズは，その名称から分かるように，社会科学，行動科学，統計科学，データの科学などの研究分

[*4]　たとえば，前述の石井洋二郎（訳），『ディスタンクシオン－社会的判断力批判（1・2）』では，「多重対応分析」にあたる方法を「照応関係の分析」と記しているが，Bourdieuの原著の意を十分に汲んだ訳とはいえないだろう．

[*5]　Benzécri, J.-P. (2006). In memoriam: Pierre Bourdieu, in Revue MODULAD, 2006, Numéro 35. https://www.rocq.inria.fr/axis/modulad/archives/numero-35/Benzecri-35/Benzecri-35.pdf

野の大学生・大学院生，研究者をはじめ，こうした分野に関心のある一般の人たちを対象とし，特定のテーマに内容を絞って紹介を行う廉価なペーパーバック（普及版）として知られている．本書「多重対応分析」も，こうしたシリーズの性格を十分に反映させた小冊となっている．

また，本書でも引用されている Clausen 著の "*Applied Correspondence Analysis: An Introduction*" もこのシリーズの1冊である．この書は，本書と同じくすでに翻訳書として刊行されている（藤本一男（訳・解説）（2015）「対応分析入門 — 原理から応用まで」，オーム社）．

本書の原書は，6つの章と付録，参考文献から構成されている．そして，本書には，日本国内の読者にとってはあまり馴染みのない語句や説明が登場する．そこで，読者の理解の便を図るために，いくつかの工夫をこらした．1つは，「訳注」を多用したことである．原書に登場する語句にどのような訳をあてたか，あるいは意味が分かりにくい語句には説明を付けるなど，章ごとに訳注をその章の終わりにまとめて記した．

もう1つは，「用語集」を用意したことである．Benzécri の提唱した "Analyse des Données" では，彼の発想を説明するために独自の用語を用いている．こうした方言に馴染みのない人たちには，それが意味することが正しく理解されないおそれがある．たとえば，「雲（くも）」「部分雲（ぶぶんぐも）」「射影雲（しゃえいぐも）」「慣性」「重心」「遷移方程式」「指示行列」のような語句がそれである．

本書もこれを踏襲し，当然これらの語句が多数登場する．さらに著者らの提唱する概念の記述に，固有の語句が使われている．たとえば「幾何学的データ解析」「構造化データ解析」などがそれである．

このようなことで，訳者らは，読者に本書の内容を正しく理解していただくには用語集や訳注を設けることが不可欠であると考えた．用語集には約80の項目を拾い，簡潔な説明を付けた．また，原書にある参考文献の他に，訳者らが翻訳作業を進める上で，あるいは訳注や用語集の説明の際に参考とした文献類を加えた参考文献の一覧を用意した．

本書の主題は，多重対応分析を使った現象解明のあり方，調査データの姿を俯瞰的に探索する道具としての幾何学的データ解析を提唱することにある．本書の全体の構成を知るために，まず第1章に目を通していただくとよい．また，各章で述べる概要が，それぞれの章のはじめに書かれている．

本書の構成は，多重対応分析の数理的な説明はとりあえず横に置いて，実

際の調査データに基づく事例分析を通じて多重対応分析の適切な使い方を紹介することに力点をおいた記述となっていることが特徴である.

　本書の内容をかいつまんで記すと以下のようなことである.

- 「多重対応分析」（MCA）の基本理念の紹介を行うこと

- 数式の利用は最小限にとどめ，簡単な仮想の数値例と実際データの分析事例を用いて「多重対応分析とは何か」の骨子を説明すること

- 探索的・記述的な視点から，多重対応分析を適用した結果の解釈，読み取り方を具体的に述べること

- 「幾何学的データ解析」（GDA）の観点から，データに潜在する特徴を幾何学的空間として構築し洞察する方法を述べること

- 多重対応分析に基づき変数を使い分ける「構造化データ解析」（SDA）を行うことで，合理的な統計的推測による結論を導き出す手順を述べること

- 多重対応分析を実際の調査データ分析に役立てる方策を具体例で示すこと

　はじめに述べたように，「多重対応分析」は質的データの分析に適した方法である．たとえば，種々の調査（社会調査，意識調査，態度調査など）で用いる選択肢型質問や自由回答質問で得た情報，あるいはそれに類した質的統計情報などを用いて，探索・発見的，帰納的にデータ構造を観察し知見を得るための強力な支援ツールとなる．国内では多重対応分析や幾何学的データ解析について書かれた研究報告や関連書はほとんどみられないこともあり，本書はこれに関する知識を得たい人たちへの有用な指南書であり入門書である.

　上述のように，数式の利用は最小限に抑えて，多重対応分析をどのように分析に用いるかの要点を，例と簡潔かつ無駄のない説明で手際よくまとめている．これは利点であるが同時に，用いる数式や数値の導出方法がわかりにくくなる面もある.

本書の内容に関心があり，より一層理解を深めたい，あるいはさらに詳しい情報を得たい読者は，本書の参考文献の中から選ぶとよいだろう．また，ここでは，以下の書籍を参考文献としてあげておく．

- Le Roux, B. (2014). *Analyse Géométrique des Données Multidimensionnelles*, Dunod.

- Le Roux, B. & Rouanet, H. (2010). *Geometric Data Analysis: From Correspondence Analysis to Structured Data Analysis*. Kluwer Academic Publishers.

- Grenfell, M. & Lebaron, F.〔2014〕. *Bourdieu and Data Analysis: Methodological Principles and Practice* (English Edition), Peter Lang Pub Inc.

- Le Roux, B., Bienaise, S., & Durand J.-L. (2019). *Combinatorial Inference in Geometric Data Analysis*. London: Chapman & Hall/CRC.

訳者らが実際に本書の翻訳を進める過程で，不明のこと，曖昧なこと，さらに詳しく知りたいことが多々あった．これらについて文献を調べるだけでは足りず，Le Roux 氏に何度もの問合せを行い，助言を求めた．また，誤りに対する訂正案の確認をお願いし，さらにいくつかの箇所については新しい情報を提供していただくことができた．Le Roux 氏からいただいた的確な助言と真摯なご協力に対し，この場をお借りし厚く御礼申し上げる．

オーム社編集部の藤沢圭介氏には，訳者らのたび重なる我が儘なお願いを受け入れていただいたこと，とくに，訳注の多用や用語集を設けるという面倒な提案を快く受け入れていただいたこと，遅れがちな翻訳作業に根気よく対応し，強力なご支援をいただいたことに謝意を表したい．

また，LaTeX 組版をお願いした（株）トップスタジオの皆様には，訳者らの面倒な注文を快く受け入れ，原書を越える整った体裁の本にしていただいた．さらに同社の轟木亜紀子氏には，本書の特長をうまく汲み取った見栄えのよい表紙カバーをデザインしていただいた．本書の制作に携わられた皆様にこころから御礼申し上げる．

　さらに，この翻訳書の刊行が実現するきっかけを作っていただいた藤本一男氏に厚く御礼申し上げる．そしてまた，原書にみられる英語固有の表現でわかりにくい事柄について，多くの示唆をいただいたColin Digweed氏にこころより感謝する．

　訳者一同，本書の刊行が，多重対応分析への関心をたかめ，これの理解を深める一助となることを強く期待してやまない．

　原書には，いまは亡きBourdieu教授へのオマージュとある．我々訳者は，これに加えて，この翻訳書を故・林知己夫先生と故・Benzécri先生へのオマージュとしたい．

　　訳者を代表して　大隅 昇

目　次

第**1**章　はじめに　　　　　　　　　　　　　　**1**

第**2**章　雲の幾何学　　　　　　　　　　　　　**23**

付　録 143

第1章　はじめに

―― 幾何学は量と質との架け橋である ――
Between quantity and quality there is geometry.

　本書では，1つの独立した分析手法として多重対応分析[†1]（MCA: multiple correspondence analysis）を解説する．なお，本書全体を通じて，技術的な細部には触れない．また，本書を読むために，対応分析[†2]（CA: correspondence analysis）の知識を必要としない．本書では，多重対応分析を実際の研究で利用することを念頭に説明を進める．「適切なデータ[†3]を収集し，興味のある疑問を定式化し，幾何学的表現によって統計的な解釈を行う」といった多重対応分析の分析手順を紹介する．それらの手順を，「調査研究データを包括的に扱える」という多重対応分析がもつ優れた特徴を強調しながら，実例を挙げて詳しく説明する．

● 第1章の構成
　本章では，まず，幾何学的データ解析[†4]（GDA: geometric data analysis）の中心的な手法の1つとして，多重対応分析を紹介する（第1.1節）．次に，多重対応分析の歴史的に重要な出来事を紹介し（第1.2節），P. Bourdieu[†5]の研究における統計的データ解析について簡単に触れる（第1.3節）．そして，本書の著者らが行った調査分析例を紹介し（第1.4節），方法論的な要点を概観する（第1.5節）．最後に，本書の構成について述べる（第1.6節）．

1.1　幾何学的手法としての多重対応分析

● 幾何学的データ解析における3つのアイデア
　1960年代に，J.-P. Benzécri[†6]は，対応分析などの統計的方法を唱えた．著

者ら（Le Roux と Rouanet）は，Benzécri の提唱するデータ解析[*1]に構造化データ解析[†7]や帰納的推論を加えて，この統計的な方法を**幾何学的データ解析**と呼んだ．

　幾何学的データ解析の主なアイデアは次の3つである．

1. **幾何学的な解釈**　幾何学的データ解析では，2元データ表を分析対象とし，この2元データ表における行要素と列要素を幾何学的な空間上に点として描く．描かれた行要素や列要素の点の集合を，雲[†8]と呼ぶ．図1.1に，こうした「個体×カテゴリカル変数」の2元データ表の例を示した．

2. **定式的なアプローチ**　幾何学的データ解析は，数学理論における線形代数に基づいて定式化されている．Benzécri がかつて述べたように，「データ解析は，きちんと数理的に定式化すれば，結局のところ，固有ベクトルを求めるだけである．データ解析に関するすべての科学や手法は，対角化すべき行列を見つけることにすぎない」[*2]．

3. **なによりもまず記述的であること！**　「モデルがデータに従うべきであって，逆であってはならない」という**帰納主義**に基づき[†9]，幾何学的データ解析では，確率モデルよりも幾何学的なモデル表現を重視する．幾何学的データ解析は，**記述統計**が主である．この記述統計の結果は，データの大きさにはまったく依存しない．たとえば，「個体×変数」[†10]の表で個体のデータを重複させてデータ量を2倍，3倍にしても，雲は変化しない（Le Roux と Rouanet, 2004, p.299 を参照のこと）．

● **幾何学的データ解析における3つの理論的枠組み**

　（1）分析対象のデータが2元度数表の場合には，対応分析を直接適用できる．一方，データが「個体[†11]×変数」の2元表の場合には，幾何学的データ

[*1]　原書注：Benzécri の考える分析枠組みを，フランス語では "Analyse des Données" と呼ぶ．これを英語で言い換えると "Data Analysis"（データ解析）であるが，この訳は Benzécri の思想を十分に反映してはいない．なお「幾何学的データ解析」という表現は，1996年に Patrick Suppes（パトリック・サップス：スタンフォード大学）が著者らに提案したものである．

[*2]　原書注：定式的なアプローチについては，Le Roux と Rouanet（2004）に詳述されている．

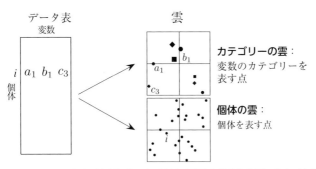

図 1.1 データ表（左側）と，多重対応分析から得られた雲の分布（右側）

解析には次の2つの手法がある．（2）**主成分分析（PCA）**：主成分分析は量的変数に対する古典的な多変量解析手法である．これは各行が個体となっているデータ表を分析対象とする（Rouanet, 2006, p.139）．（3）**多重対応分析（MCA）**：量的変数を扱う主成分分析に対し，カテゴリカル変数を扱う分析が多重対応分析である．

　データ表の「個体」は，人であったり，「統計的な意味での個体」（事例，企業，商品，実験単位，期間など）であったりする．カテゴリーは，量的変数や質的変数におけるデータ値をまとめたものであるかもしれない．「カテゴリー」は対応分析に関する文献では**モダリティ†12**とも呼ばれている．

1.2　歴史上の主な出来事

　Benzécri（1982）では，多変量統計解析の歴史が概観されており[*3]，そこで対応分析や多重対応分析に影響を与えた文献を挙げている．**最適尺度法†13**についてはFisher（1940）とGuttman（1941）を，**因子分析**についてはBurt†14（1950）を挙げている．また，**数量化法†15**についてはHayashi†16（1952）を，今日，**多次元尺度法†17**（MDS）として知られている手法についてはShepard（1962）を挙げている．幾何学的データ解析は従来の多変量統計解析を新しい角度から捉え直したものであることがこのBenzécriの概観から分かる．

　幾何学的データ解析の歴史は次の3期に分けることができる（併記されている年代は，象徴的な出来事があった年代である）．

[*3]　原書注：Benzécri（1982）による歴史的変遷の説明は，Murtagh（2005, pp.1–9）に要約がある．

● 第1期：誕生（1963–1973）

　対応分析の基本的な考えは，1963年に確立された．そのあとすぐ，クラスター化法についての研究が進んだ（たとえば，Benzécri, 1969を参照）．フランス流データ解析[†18]（Analyse des Données）は，Benzécriらによる全2巻の著作（Benzécri et al., 1973）で確立された．このうち，第1巻は「分類」（*Taxinomi*）に関する内容で，「対応分析」（*Analyse des correspondances*）は第2巻で述べられている．一方，LebartとFénelon（1971）など，対応分析についても触れた統計学の教科書が多数登場したが，それらはすべてフランス語で書かれていた．

● 第2期：栄光ある孤立（1973–1980）

　フランスでは，この時期に幾何学的データ解析が普及した．多重対応分析は，「カテゴリカル変数に対する主成分分析」として，質問紙型調査で得られるデータに対する標準的な分析手法となった．フランス語の "analyse des correspondances multiples"（**多重対応分析**）という語句は，Lebart（1975）の論文で初めて使われた．対応分析や多重対応分析の理論や応用に関する研究は，（1976年以降は）主に "*Cahiers d'Analyse des Données*"[†19]という学術誌に発表された．

● 第3期：国際的に認知されるまで（1981年以降）

　この時期になると，フランス学派の研究から派生して英語の書籍が出版されるようになった．Greenacre（1984），Lebart, Morineau, Warwick（1984）[†20]，Benzécri（1992），Le RouxとRouanet（2004），Murtagh（2005）などの著作がある．Gifiグループはフランス学派の研究を熟知し，多重対応分析（Gifiグループは「等質性分析」と呼んでいる）についての多くの論文を発表した（Gifi（1990）を参照）．さらに，対応分析の入門書も登場し始めた．WellerとRomney（1990），Greenacre（1993）[†21]，Clausen（1998）[†22]などである．

● 現在の状況

　対応分析という用語は，英語圏では広く普及している．幾何学的データ解析の基本手法は，世界中の多くの統計ソフトウェアに含まれている．また，「対応分析とその関連手法」（CARME：Correspondence Analysis and Related

Methods）という研究集会が，ケルン（1991, 1995, 1999），バルセロナ（2003），ロッテルダム（2007）といったフランス国外で開催されてきた[†23]．しかし，幾何学的データ解析は，多変量統計解析の中で孤立したままである．多重対応分析における状況は，実にお粗末である．多重対応分析は包括的な調査研究にとっては非常に有益だが，いまだにほとんど論じられることがなく，十分に活用されていない．

　要するに，現在は，対応分析は認知され利用されている．一方，幾何学的データ解析（とくに多重対応分析）は，より多くの人々の理解が得られることを待っている状態である．

1.3　Bourdieu と統計的データ解析

　対応分析は，「Bourdieu[†24] の統計的手法」と形容されることがたびたびある．Bourdieu の研究は，対応分析の使用法を示すよいお手本である．対応分析に限らず，統計的データ解析全般は，Bourdieu にとって長年の関心事であった．ここでは，伝統的な統計学から多重対応分析へと移行する Bourdieu の辿った道のりを概説する．

● 第 1 期（1960 年代〜1970 年代初頭）：伝統的な統計学
　Bourdieu は，アルジェリアで研究に従事していた時期（1958–1961）に，すでに INSEE（フランス国立統計経済研究所：フランスの官庁統計を扱う公的機関）の統計家たちと協力していた．この初期における Bourdieu の著作は，分割表とカイ二乗検定で埋め尽くされていた．

● 第 2 期（1970 年代半ば）：対応分析
　1970 年代の初頭には，Bourdieu は，**界**[†25] の概念についての考えを深める一方で，従来の伝統的な統計手法の欠点に気づき始めた．

　「従属変数（政治に関する意見など）といわゆる独立変数（性別・年齢・宗教，さらに教育水準・収入・職業など）との間にみられる特定の関係だけにこだわると，諸関係からなるシステム全体がみえにくくなる．このシステム全体の諸関係が，ある特定の相関に記録された影響を特徴付け

る力や形式の原理を成立させている.」(Bourdieu, *La Distinction*, 1979, p.103[†26])

　この時期，対応分析に関連した幾何学的分析が提案されつつあった．Bourdieuはこの新しい分析手法に目を向け，「個体×質問」のデータ表にこれを適用した．Bourdieuのそれまでの研究では大量の分割表が示されていたのだが，2つの雲だけで結果が表されるようになった．2つの雲のうち，1つはカテゴリーの雲（Bourdieuの用語では「特性」[†27]の雲）であり，もう1つは個体の雲である（Bourdieu and Saint-Martin, 1976; *La Distinction*, 1979を参照)[*4]．

　　「私は，対応分析を多用している．なぜなら，この分析方法は本質的には
　　関係論的な技法であり，その根底にある思想は，私が何を社会的現実[†28]
　　と考えているかそのものだからである．これは，私が「界」の概念に基
　　づいて考えるときと同じように，関係論的な観点から「思考する」技法
　　だからである.」[†29]

　なおこれは，1988年12月にBeate KraisがBourdieuにインタビューしたときの記録による．このインタビュー記事は，『社会学者のメチエ』のフランス語版*Le Métier de Sociologue*"[†30]，第5版（EHESS & Mouton de Gruyterにより2005年に刊行）の冒頭（xiiiページ）に記載されている．

● 第3期（1970年代の後半以降）：多重対応分析

　1970年代の後半になると，多重対応分析はBourdieuとその学派によって多用されるようになった（たとえば，*Homo Academicus*, *Noblesse d'Etat*, *Structures sociales de l'économie*[†31] など）．2001年に，コレージュ・ド・フランス（Collège de France）で彼が最後に行った講義において，Bourdieuは以下のように強調している．

[*4]　原書注：Rouanet, Ackermann, and Le Roux (2000) を参照．この論文は，Bourdieu も参加した研究集会「社会空間についての経験的調査」(Conference on the Empirical Investigation of Social Space) で発表された．この研究集会は，J. Blasius と Rouanet によって計画され，1998 年 10 月 7–9 日に Cologne（ケルン）で開催された．

「多重対応分析の原理を知っている人であれば，この数理的な手法と「界」の理論とは親和性があることが分かるだろう．」(Science de la science et réflexivité, p. 70, 2001[†32])

1.4　嗜好調査の例

本書では，例として，「嗜好調査」[†33]データを主に用いる．これは，Bourdieuの研究に着想を得て行われた調査研究である．これについては，第3章以降で詳細に取り上げる．この例は，英国で実施された生活様式に関する調査（Le Roux, Rouanet, Savage, Warde, 2008）のデータから一部を抜粋したものである．

本書では説明のため，この嗜好データのうち，4つの質問（合わせて29個のカテゴリー[†34]からなる質問）だけを用いる．また，4つの質問すべてに回答した1,215人だけを用いる．なお，これら4つの質問はいずれも単一選択の質問である．

- **好きなテレビ番組**（8個のカテゴリー）：ニュース，コメディ，警察もの，自然，スポーツ，映画，ドラマ，メロドラマ

- **好きな映画**（8個のカテゴリー）：アクション，コメディ，時代劇，ドキュメンタリー，ホラー，ミュージカル，ロマンス，SF（サイエンス・フィクション）

- **好きな芸術**（7個のカテゴリー）：パフォーマンス・アート，風景画，ルネッサンス芸術，静物画，肖像画，現代美術，印象派

- **好きな外食先**（6個のカテゴリー）：フィッシュ&チップス，パブ，インド料理店，イタリア料理店，フランス料理店，ステーキハウス

データ表から雲へ変換する

表1.1 (p.8)は，「個体×質問」のデータ表の一部である．図1.2 (p.9)は**カテゴリーの雲**を，図1.3 (p.10)は**個体の雲**を，多重対応分析によって得ら

れた最初の主平面[†35] に射影したものである[*5].

2つの雲に関する説明

● カテゴリーの雲

　図 1.2（p.9）の左のほうには「事実に即したものへの嗜好」に関連したカテゴリーが，逆に右のほうには「架空の世界への嗜好」に関連したカテゴリーがある．また，図の上のほうには「大衆的なもの」が，これと逆の下のほうには「洗練されたもの」が集まっている．

表 1.1　嗜好データの例　「個体×質問」データ表の一部を引用

個体 （回答者）	テレビ番組	映画	芸術	外食先
1	メロドラマ	アクション	風景画	ステーキハウス
⋮	⋮	⋮	⋮	⋮
7	ニュース	アクション	風景画	インド料理店
⋮	⋮	⋮	⋮	⋮
31	メロドラマ	ロマンス	肖像画	フィッシュ＆チップス
⋮	⋮	⋮	⋮	⋮
235	ニュース	時代劇	ルネッサンス	フランス料理店
⋮	⋮	⋮	⋮	⋮
679	コメディ	ホラー	現代美術	インド料理店
⋮	⋮	⋮	⋮	⋮
1215	メロドラマ	ドキュメンタリー	風景画	ステーキハウス

注：表の各行は，各個体（回答者）の**回答パターン**[†36] に対応する．たとえば，番号が235の個体は，＜テレビはニュース，映画は時代劇，芸術はルネッサンス，外食はフランス料理のレストラン＞のカテゴリーをそれぞれ「好む」として選んだことを意味する．

● 個体の雲

　図 1.3（p.10）において，各点は個体（回答者）を表している．図中の個体の位置は，4つの質問に対する，その個体の応答（つまり回答パターン）を反映している．たとえば，図 1.3のもっとも右上にある個体の位置は，31番目の個体が選択した4つのカテゴリー（つまり，テレビ番組はメロドラマ，映画はロマンス，芸術は肖像画，外食はフィッシュ＆チップス）を反映して

[*5]　原書注：これらの図（カラー版）のいくつかは，著者（Le Roux）のウェブ・サイトから入手可能である．http://helios.mi.parisdescartes.fr/~lerb/livres/MCA/FigCoul.pdf ［最終閲覧日］2020年6月30日

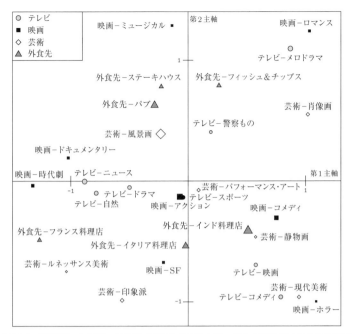

図 1.2　嗜好データの例　主平面（はじめの第1主軸，第2主軸における4つの質問
　　　　（あわせて29個のカテゴリー）の雲

いる（表 1.1，図 1.2，1.3 を参照）.

　点と点との間の距離は，それらの個体の回答パターン間の相違[†37]を反映
している. 4つのカテゴリーにおいてすべて同じ選択肢を選んだ個体は，同
じ位置にプロットされる. たとえば，12人の個体は7番目の個体とまったく
同じ回答を行っており，したがって図1.3でまったく同じ位置にプロットさ
れている. ここでは，こうした複数の点の重なりを示すために，重なってい
る点はほかよりも大きな黒丸（大きな黒い点）で表してある. これとは対照
的に，31番目と235番目の個体は，非常に異なった嗜好であるので（表 1.1，
p.8），2つの点の位置はかなり離れている.

雲に関する追加の説明

●距離

　雲の図は，気温グラフのような，単純な「グラフィカル表現」ではない.
雲の図は，**すべての方向に関して同一の縮尺**になっている地図である. つま

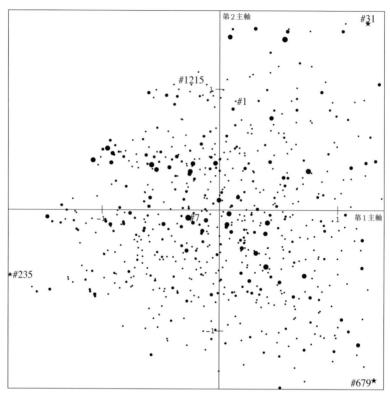

図 1.3　嗜好データの例　第 1-2 主平面に布置した 1,215 人の個体の雲
ここで，表 1.1 内に番号で示した個体番号には目印（★）を付けてある

り，ある方向だけを勝手に縮めたり，伸ばしたりしてはいけない．例とした
図 1.3 において，235 番と 1215 番のこの平面上での距離は，7 番と 679 番と
の距離よりもやや大きい．もし，グラフを拡大したいなら，平面における縦
と横の距離の比 [†38] を保ったまま拡大しなければいけない．図 1.2 と図 1.3 に
おいて，縦軸と横軸にまったく同じ縮尺 [†39] が使われていることに注目して
ほしい．

● **次元数**

雲の基本的な特徴は，低次元の空間に描かれるということにある．もっと
も単純な雲の例は，**1 次元上の雲**である．この場合，点は**直線上**に布置され
る [†40]．次に単純な雲は，**2 次元上の雲**である．この場合，点は**平面上**に布置
される．以下，3 次元，4 次元…と続く．多重対応分析では，カテゴリーの

雲と，個体の雲は，同じ次元数をもつ．多重対応分析では，データを正確に描こうとすると，通常，その次元数は非常に大きくなる．元データを完全に表す雲[†41]は，重要度が高い次元から順に1次元[†42]，2次元，3次元…と進んでいき，すべての次元の主軸を用いると完全に描くことができる．図1.2と図1.3は，完全な雲を，最初の2つの主軸（1次元と2次元）の作る平面に射影したものにすぎない．よって，最初の2つの主軸だけで解釈するだけでは十分ではないかもしれない（これについては，嗜好データの例を用いて第3章のp.70で調べることにしよう）．

解釈の手助けとなる指標や技法

● 点の寄与率[†43]

ある点がどの程度，軸に対して寄与しているか（主軸に対する点の寄与の程度）は，その軸上での点の位置から原点までの距離[†44]と，その点がもつ「重み」[†45]によって決まる．点の寄与率は，**解釈するときの主要な指標で**ある．

● 追加要素

図1.2や図1.3に描かれた雲の空間は，1,215人の個体と，4つの変数から構成されている．このような空間を構成するために実際に用いた個体と変数を，それぞれ**アクティブな個体**および**アクティブな変数**と呼ぶ[†46]．いったん雲の空間を構成すれば，その構成された空間内に別の個体や別の変数のカテゴリーを追加処理で射影することができる．こうした追加される個体や変数を，それぞれ，**追加個体[†47]**，**追加変数**と呼ぶ．これらの追加個体や追加変数は，データを解釈する際の強力な助けとなる（第3章，pp.77–80を参照）．

構造化データ解析[†48] に向けて

個体の部分雲[†49] に焦点を当てて，さらに分析を進めることができる．たとえば，図1.4に2つの部分雲を示した．それぞれ，年齢区分が大きく異なる年齢層に相当する若年層（18〜34才）と高齢層（55才以上）の雲である．このような個体差に関する考察は，第4章で行う．

データセットの分析手順

多重対応分析によるデータの分析は，以下の9つの手順に従って進めら

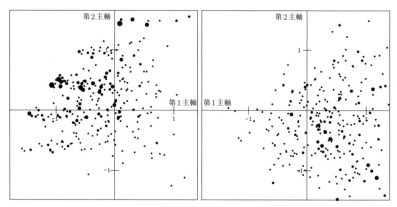

図 1.4　嗜好データの例　第1-2主平面における，「55才以上」（左側の図）と「18～34才」（右側の図）の部分雲．図 1.3と比べて，図の大きさは半分にしてある[†50]

れる.

1. 多重対応分析のためのデータ表の準備：アクティブな個体とアクティブな変数を選択する．カテゴリーを「コーディング」[†51]する.

2. 初歩的な統計分析を行う.

3. 多重対応分析に進む：分析の基本的な結果は，固有値と座標であり，次いで点の寄与率と雲である．点の寄与率（主軸に大きく寄与している点など）に関して吟味する.

4. いくつかの主平面，少なくとも第1主軸と第2主軸で構成される主平面上で，雲を探索的に調べる．雲の形状を確認し，等質でないグループ（外れ値のグループや，層状となっているグループなど）を探す．この吟味により，分析をやり直すこともある．アクティブな変数やアクティブな個体を選んだり，コーディングの方法を変更したりする（この作業は，何回も繰り返されることがある）.

5. **解釈**　各次元の固有値や修正分散率[†52]から，第何次元までの軸を解釈するかを決める．寄与度によって，雲の軸を解釈する．これについて，Benzécriは以下のように述べている.

「軸を解釈するには，軸の原点より右のほうにある点の何が類似しているか，また，左のほうにある点の何が類似しているかを探し出す．そして，これらの両端に位置する点の集合を対比させて簡潔かつ適切に説明する.」（Benzécri, 1992, p.405）

結果を単純化しすぎるという危険はあるが，それぞれの軸に短い名前を付けることは便利だろう[†53]．

6. 雲の形状や特徴的なパターンなどから，個体の雲の様子を吟味し「意味付け」[†54] を行う．

7. 追加要素の処理：追加要素とした個体や変数をプロットする．

8. 個体の雲を掘り下げて分析する（構造化因子，集中楕円の描画，群間－群内分散[†55] など）．

9. 統計的推測を行う．

　上の各手順については，第3章（手順1〜7），第4章（手順8），および第5章（手順9）において，「嗜好調査の例」を用いて説明する．

1.5　方法論上の要点

● 幾何学的データ解析の枠組み

　どのような実証研究でも，データを収集し，結果を解釈するための枠組みが存在する．幾何学的データ解析には，次の2つの原則がある（Benzécri, 1992, pp.382–383; Benzécri et al., 1973, p.21）．

1. **変数の等質性**[†56]　調査研究のテーマによって，収集するデータの範囲が定まる．本書では「個体×変数」という形式のデータ表を扱う．量的変数と質的変数が混在している場合でも，**事前のコーディング**[†57] によって，それらの変数の等質性を確保できる．質問票は，擬似的な共通コーディング形式であり，各変数が「複数のカテゴリーからなる1つの質問」となっている．

2. **包括性**[†58]　変数および個体は，調査研究の対象領域を完全に網羅しているか，もしくは，少なくとも「代表性」[†59]がなければならない．

　幾何学的データ解析も，他の統計手法と同様，上に述べたような枠組みに沿っており，**適切なデータ**[†60]にだけ有用であることに分析者は気を付けなければいけない．幾何学的データ解析とは，無目的にデータを収集し，そのデータから「なにかおいしい結果が出てこないか」とただ待っていることではない[†61]．また，**節約の原理**[†62]は回帰分析でよく言われている原則であるが，幾何学的データ解析には劇的な節約も期待できない．多重対応分析は，多数の変数からなる複雑なデータ表の構造を明らかにするのに適している．なぜなら，多数の変数が存在する場合，単純に集計すると大量の2元データ表（「変数×変数」の2元表の集まり）となるのだが，多重対応分析はこれを簡潔にうまくまとめてくれるからである．なお，本書で取り上げている「嗜好調査の例」では，英国の生活様式を調べた調査データのうちの，4つの質問しか取り上げていない．そのため，英国における生活様式を包括的に捉えているデータセットとはいえない．現実の分析例を示したかったが，説明しやすくするため，また，多重対応分析の技法を示すために，データを単純化した．

● 多重対応分析の適用範囲

　フランスで誕生して以来，多重対応分析は，社会科学，疫学，市場調査，満足度調査などの幅広い領域で使われてきた．

　社会科学において，幾何学的データ解析は，回帰分析などの従来の統計手法—回帰係数などの数値を報告し，有意水準5%には星1つ（*），1%には星2つ（**）と**星を付与する方式**[†63]に縛られた従来の慣習—とは，まったくの対極にある．（回帰分析などの）従来の統計手法が**変数の社会学**の手法であるのに対し，幾何学的データ解析は**社会空間**を構築するための手法である．社会的な界の考えと幾何学的表現との間の「選択的親和性」[†64]から，Bourdieuは対応分析や多重対応分析を，1970年代後半から一貫して用いていたのである．

　なお，幾何学的データ解析を用いたBourdieuの方法論と社会空間の構築に関する最近の応用研究の詳細については，LebaronとLe Roux（2015），

Blasisus et al.（2019）を参照するとよい[†65].

● クラスター化法

幾何学的データ解析で，クラスター化法—似たものどうしはまとめて一緒にする方法—を用いるのは，きわめて自然である．雲を目にしたリサーチャーは，点の空間上で直観に従ってごく自然にクラスターを囲む輪郭を描くのである．

凝集型階層分類法[†66]（AHC：ascending hierarchical clustering）のような効率的なクラスター化法にはいくつかの種類があるが，いずれも，自然科学において種の分類を示す系統樹のような入れ子構造の階層を作る[†67]．幾何学的データ解析は，その中でも分散基準の凝集型階層分類法との相性がよい[†68]．こうした分類手法を Benzécri（1992）は「対応分析の相棒」と呼んでいる．

● よくある質問

潜在的な構造を明らかにするという幾何学的データ解析の長所は現在，十分に認められているが，一方で次のような質問をしばしば受ける．

1.　幾何学的データ解析でも，統計的推測を行えるか？

2.　幾何学的データ解析を，現象を説明するために使えるか？

この2つの質問に対する答えは，「はい．間違いなく可能」である．

1.　統計的推測で実際に問題となるのは，「推測を，いつ，どのように，効果的なやり方で用いるか？」である．帰納的な考え方に従えば，「興味ある得られた記述的な結果を一般化したいときに統計的推測は使うべきである」と考えるであろう．研究者のよくある疑問として，個体の部分雲である2群間（たとえば，若者と高齢者の2群間）に，ある軸で明確な違いがあった場合，「観測された違いは真だろうか？ それとも，偶然に生じた違いなのだろうか？」ということがある．第5章で述べるが，検定統計量や信頼領域[†69]は，こうした疑問に対して納得できる答えを与えてくれる．このときの黄金律は，「統計的推測は実質的な結論を補助するためだけに用いるべき」ということである．構造化データ解析で明

らかになったモデルは，下図の手順による帰納的データ解析によって，さらに裏付けされる．

2. 「説明」という言葉を含む，「説明変数」や「被説明変数」などの統計用語は紛らわしい．「金属棒の伸長」を被説明変数，「温度」を説明変数とする回帰分析を行える一方で，逆に，「金属棒の伸長」を説明変数，「温度」を被説明変数とした回帰分析も行える．どちらでどちらを「説明」するかは，統計学以外の理論で明らかにするしかない．この例では，物理学における熱膨張の原理によると，「金属棒の伸長」が「温度」を説明するのではなく，「温度」が「金属棒の伸長」を説明する，となる．「統計学それ自体では何も説明できないのだが，場合によっては，現象を説明するための理論を実証するために使えるかもしれない」という立場をとるのが賢明である．

1.6　本書の構成

数学知識の前提条件　高等学校で学ぶ幾何学程度の知識．数式は最小限にとどめ，数値例で説明する．なお，付録において，行列記法で公式を説明している．

統計知識の前提条件　平均や分散などの基本的な記述統計量．散布図，単回帰，相関，分割表．

各章の概要
- 第2章：雲についての基本的な幾何学を説明する．

- 第3章：多重対応分析を示す．嗜好データを数値例にして，解釈の方法や分析手順を詳細に説明する．

- 第4章：構造化データ解析を中心に，個体の雲の調べ方を解説する．その際，分散分析といった古典的手法との関連を示す．

- 第5章：帰納的データ解析の要点を解説する．分析に有用な検定統計量と信頼楕円（信頼限界の確率楕円）による推測手順を示す．

- 第6章：多重対応分析を用いた2つの包括的な調査研究を簡潔に紹介する．

- 付録：本書で用いている記号の一覧，行列記法による公式群，ソフトウェアに関連する注意事項．

第1章の訳注

†1　本書の表題でもある "multiple correspondence analysis" に「多重対応分析」の訳を当てた．原書では "MCA" の略記も用いられている．

†2　ここでは全体を通して "correspondence analysis" に「対応分析」の訳を当てた．原書では "CA" の略記も多用されている．日本国内では，「コレスポンデンス分析」「コレスポンデンス・アナリシス」などとすることもある．なお，「対応分析」「多重対応分析」という語句は，大隅他（1997）がはじめて用いた．大隅は当初，「関連分析」「多重クロス表の関連分析」という語句を当てていた（大隅, 1989）．

†3　原文の "relevant data" に「適切なデータ」の訳を当てた．20ページの訳注60も参照．

†4　原文では "geometric data analysis" とあるが，これを「幾何学的データ解析」とした．原書ではその略記 "GDA" が頻用されている．

†5　Pierre Bourdieu（ピエール・ブルデュー）は，フランスの著名な社会学者．本章の第1.3節およびp.18の訳注24も参照．

†6　Jean-Paul Benzécri（ジャン＝ポール・ベンゼクリ），1932年2月28日生まれ，2019年11月24日逝去．フランスにおいて独自の観点からデータ解析に関する多様な研究を展開した．とくに，対応分析・多重対応分析，それに多くの分類手法を提唱した．Benzécri（1973, 1982）などを参照のこと．

†7　「構造化データ解析」は "structured data analysis" の訳である．ここでは性別や職業などの人口統計学的な情報を含んだデータを分析することをいう．なお，構造化データ解析については，4章で説明されている．

†8　原文は "cloud" とあり，これに「雲」の訳を当てた．"cloud" とはフランス語の "nuage"（雲）の英語訳．さらに原文では "cloud of points" とあるが，この "cloud of points"（フランス語では "nuage de points" あるいは "ensemble de points"）は，直訳すると「点の雲」「点の集合」であるが，単に「雲」あるいは「点雲」と訳した．雲は，図1.1（右側）にみるように，測定値そのものをグラフ上に示した点の集合や，主成分分析，対応分析，多重対応分析などで得た座標をグラフ上に示した点の集合をいう．用語集を参照．

†9　原文の "inductive philosophy" に「帰納主義」の訳を当てた．Benzécriのいう「データの解析」や林知己夫が提唱した「データの科学」に一貫して通底する考え方である．参考：林知己夫『データの科学』（朝倉書店, 2001）．

†10　原文の "individual" に「個体」，"variable" に「変数」の訳を当てた．「個体」「変数」「個体×変数」の表などについては第3章で詳述．また，「個体」に関しては，p.18の訳注11も参照の

こと．

†11 上述のように "individual" に「個体」の訳を当てた．本文にあるように，観測，測定，調査における1つ1つの対象のことをいう．後述される嗜好データの例では，調査に回答した回答者の意味で用いている．

†12 モダリティの原文は "modality" で，フランス語の "modalité" に当たる語．一般的には，ある存在に対する判断のありよう（様相）をいう．ここでは，調査票の質問文における「分類区分」や「回答選択肢」のこと，つまり「カテゴリー」のことをいう．用語集も参照．

†13 原文の "optimal scaling" を「最適尺度法」とした．

†14 Cyril Burt（1883–1966）は，英国の応用心理・教育心理学者．第3章に登場する「バート表」（Burt table）の提案者．

†15 原文は "quantification method" とあり，これを「数量化法」とした．これを単に「数量化」と呼んだり「数量化理論」ということもある．参考：林知己夫『データ解析の考え方』（東洋経済新報社，1977），林知己夫『数量化–理論と方法–』（朝倉書店，1993），森本栄一（2012）．

†16 ここは，林知己夫の提案した一連の数量化法のうち，パタン分類（数量化III類）の論文が登場した時点を指している．

†17 ここでは "multidimensional scaling" を「多次元尺度法」としたが，「多次元尺度構成法」「多次元尺度解析法」などと呼ぶこともある．

†18 原文には "Analyse des Données" とある．これの英語直訳は "data analysis" つまり「データ解析」であるが，Benzécri の思想的な意味もこめて，ここでは「フランス流データ解析」とした．

†19 Benzécri が編集主幹となって，フランスの出版社 Dunod から刊行されていた学術誌（1976年に創刊，1997年まで続いた）．Benzécri 学派の研究者たちの研究報告の多くがここに掲載されている．

†20 これについては，内容を補足した次の書がある．大隅昇，L. ルバール他『記述的多変量解析』，（日科技連出版社，1994）．

†21 この Greenacre（著）（1993），*"Correspondence Analysis in Practice"*, Academic Press は，第2版であり，現在第3版が刊行されている．また，これについて，次の翻訳書がある．藤本一男（訳）『対応分析の理論と実践— 基礎・応用・展開』（オーム社）．

†22 次の翻訳書がある．藤本一男（訳・解説）『対応分析入門— 原理から応用まで』（オーム社，2015）．

†23 近時点では，南アフリカ（ステレンボッシュ）で，CARME-2019 Meeting が開催された（Stellenbosch, South Africa, February 3–6, 2019）．https://carmesa2019.wixsite.com/conference/programme-1

†24 Pierre Bourdieu（ピエール・ブルデュー，1930年8月1日–2002年1月23日）は，フランスの著名な社会学者．多数の著作がある．とくに石井洋二郎（訳）『ディスタンクシオン—社会的判断力批判（1・2）』（藤原書店，1990年）の中で，多重対応分析を用いた統計分析を行っている．

†25 ここで，原文の "field" を「界」と訳した．元のフランス語は "champ" である．「場」と訳されることもある．

†26 翻訳書として，石井洋二郎（訳）『ディスタンクシオン—社会的判断力批判（1・2）』（藤原書店，1990年）がある．この書の第1巻，p.162を参照のこと．ここでは，石井訳を参考に訳した．

†27 原文は "property" とあり，これに「特性」の訳を当てた．

†28 "social reality" を「社会現実」と訳した．

†29 ここでは，著者から提供の以下のフランス語原文をもとに訳を作成した．なお，この引用部分だけから，Bourdieu の主張を十分にくみ取れるとはいえない．ここの含意をより詳しく知るには，田原音和・水島和則（1994）による訳書『社会学者のメチエ– 認識論上の前提条件』（藤原書店）の該当部分（p.476）を読むことを勧める．« … si j'utilise beaucoup l'analyse des correspondances, c'est que je pense que c'est une technique essentielement relationnelle, dont la philosophie correspond tout à fait à ce qu'est, selon moi, la réalité sociale. C'est une technique qui « pense » en termes de relations, comme j'essaie de le faire avec la notion de champ. »

†30 著者からの提供情報もあった．

†31 なお，Bourdieu によるこれら 3 冊の書の翻訳書として，以下がある．
石崎晴己，東松秀雄（訳）（1997）．『ホモ・アカデミクス』（ブルデュー・ライブラリー）藤原書店．
立花英裕（訳）（2012）．『国家貴族 – エリート教育と支配階級の再生産（Ⅰ，Ⅱ）』（ブルデュー・ライブラリー）藤原書店．
山田鋭夫，渡辺純子（訳）（2006）．『住宅市場の社会経済学』（ブルデュー・ライブラリー）藤原書店．

†32 ここでは本書の原書にある英文に基づき訳した．なお，加藤晴久（訳）『科学の科学 – コレージュ・ド・フランス最終講義』（藤原書店，2010 年）の p.91 にこれに該当する日本語訳がある．

†33 原文は "Taste Example" であるが調査データの例ということで「嗜好調査」とした．また，本文の説明では「嗜好データの例」として使い分けた．

†34 ここでいう「カテゴリー」（category）とは，質問文の回答選択肢のこと．p.7 にここで用いた質問とカテゴリーの説明がある．p.52 の表 3.1 に詳しい一覧がある．

†35 ここで「最初の主平面」（first principal plane）とは，多重対応分析で得たはじめの 2 つの主軸，つまり固有値あるいは特異値の大きいほうから 2 つの成分の平面という意味である．たとえば，図 1.2 を参照のこと．

†36 原文は "*response pattern* of an individual" であり，"response pattern" に「回答パターン」の訳を当てた．個体（回答者）が各質問で提示されたカテゴリーのどれを選んだか，選び方のパターンのこと．第 3 章を参照．

†37 原文は "dissimilarity"（非類似性）だが，ここでは「相違」と訳した．

†38 ここは "distance ratio" とあるがこれを「距離の比」とした．

†39 この原文は "distance scale" で前後の文脈からこれを「縮尺」とした．

†40 ここで「直線上に布置される」やその下にある「平面上に布置される」とは，たとえば第 2 章，p.39 の図 2.10 や p.40 の図 2.12 などの描画をいう．

†41 原文の "full clouds" に「完全に表す雲」「完全な雲」の訳を当てた．

†42 原文は "principal axis"（主軸）であるが，ここは文脈に合わせて「次元」と訳した．これはのちに説明する「主軸」のことであり「第 1 主軸，第 2 主軸，第 3 主軸…」のこと．

†43 原文の "contribution" の訳語として「寄与率」を当てた．これを「寄与度」「絶対寄与度」と呼ぶこともある．

†44 ここで「その軸上での点の位置から原点までの距離」とは，主軸上でのその点の座標，すなわ

ち，主座標（principal coordinate）のことである．主座標については，あらためて説明する．

†45 ここの原文は "weight" である．"the weight of the point" を「その点がもつ重み」とした．これについては第2章を参照のこと．

†46 原文の "active individual" に「アクティブな個体」，"active variable" に「アクティブな変数」の訳を当てた．対応分析や多重対応分析において空間を構成する際に実際の計算に用いた個体や変数のことを，それぞれ「アクティブな個体」や「アクティブな変数」という．「アクティブ」に対して計算に使わなかった別の個体や変数あるいはカテゴリーを「追加要素」（supplementary element）と呼び，追加要素を計算で得られた空間に射影する操作を「追加処理」（supplementary treatment）という．

†47 ここで "supplementary individual" を「追加個体」，"supplementary variable" を「追加変数」とした．上述の「追加処理」の対象とする要素のこと．

†48 原文の "structured data analysis" に「構造化データ解析」の訳を当てた．用語集も参照のこと．

†49 ここの原文は "subcloud of individuals" で，これを「個体の部分雲」とした．

†50 ここで「半分（half scale）にしてある」とは，図1.3の図を，縦横比を変えずに半分に（つまり1/4の大きさに）縮めたということ．図1.2（p.9）にあるように，図は縦軸と横軸を同じ縮尺で描くことが必要であることを言っている．

†51 原文の "encoding" に「コーディング」の訳を当てた．これを「符号化」などともいう．

†52 原文は "modified rates" とあるが，これは第3章にある「修正分散率」のことを指すので，それに合わせた．

†53 この「主軸の解釈」の指摘はきわめて重要である．適当に解釈するのではなく，たとえばある「判断基準」に従って客観的に評価することが必要である．第3章のp.70からの例の説明を参照．

†54 原文の "dressing up" を「意味付け」とした．

†55 原文の "between-within variances" に「群間−群内分散」の訳を当てた．第2章以降では，"between variances" を「群間分散」，"within variances" を「群内分散」と訳した．ここでの「群間−群内分散」は，これら2つの分散をまとめて表記している．

†56 原文は "homogeneity" だが，これを「変数の等質性」とした．

†57 「事前のコーディング」（preliminary coding）については第3章（p.49）に説明がある．質的変数（名義尺度，順序尺度）の場合には，カテゴリーに番号（あるいは標識）を付与する操作をいう．量的変数（間隔尺度，比例尺度）の場合には，その変数のヒストグラム（分布）などを描いて観察したあと，ある幅でカテゴリー化を行い，あとは質的変数の場合と同じように番号を付与する操作をいう．「事前のコーディング」および「擬似的な共通コーディング」（quasi-universal coding format）については用語集も参照のこと．

†58 原文の "exhaustiveness" に「包括性」の訳を当てた．

†59 ここで原文は "representative inventory" であるが，これを「代表性」とした．

†60 本章の始めにもあったように "relevant data" を「適切なデータ」とした．下の訳注に示したような意味がある．

†61 ここの原文は "Performing a geometric analysis does not mean gathering disparate data and looking for "what comes out" of the computer." である．これを訳せば，"無節操・無目的にデータを集め，そのデータを統計ソフトウェアに入れて「なにかうまい結果が出ないか」と口を

開けて待っている"といったようなことの喩えになるだろう.「適切なデータ」を集めることが肝要ということ.ここではやや意訳をした.

†62 原文は "parsimony principle".これを「ケチの原理（法則）」あるいは少し古い言い方で「オッカムの剃刀」（Occam's razor）ともいう.事象やモデルを説明するには,なるべく最小限の仮説やパラメータで済ませること,思考の節約を図るべきである,ということ.

†63 原文は "star system" だが,いわゆる古典的な統計的検定における判定ルールのことを指している.

†64 原文の "elective affinity" を「選択的親和性」とした.社会学で用いられることを念頭にこの語を用いていると思われる.用語集も参照.

†65 著者 Le Roux からの私信によりここを加えた.

†66 "AHC（ascending hierarchical clustering）" を「凝集型階層分類法」と訳した.AHC を "agglomerative hierarchical clustering" と記すこともある.AHC には,数多くの方法がある.用語集を参照.

†67 凝集型階層分類法で得られた分類結果のグラフィカル表現を「デンドログラム」（dendrogram），「樹木図」などという.

†68 分散基準（あるいは平方和基準）を用いるウォード基準による手法（ウォード法）は,対応分析で得られた座標に対して適用できることから,Benzécri は「対応分析の相棒（a companion method to correspondence analysis）」（1992, p.561）と述べている.対応分析とウォード法との関連については,Benzécri（1973），Lebart 他（1998），Greenacre（1993），大隅他（1998）なども参照のこと.

†69 "confidence zone" を「信頼領域」とした.第 4 章～第 6 章にこれの例がある.

第**2**章　雲の幾何学

—— 幾何学的な対象は数値で記述できる.
しかし幾何学的な対象を数値だけに要約することはできない ——
Geometric objects can be described by numbers;
they are not reducible to numbers.

　幾何学的データ解析のもっとも重要な作業は雲[注1] を求めることである.
いったん，雲を求めれば，幾何学的データ解析のいずれの手法（たとえば，
対応分析，多重対応分析，主成分分析）も，それ以降は同じ手順に沿って分
析を進めることができる. この理由により，本章では雲の幾何学について説
明する. 幾何学的データ解析は**多次元空間の幾何学**に基づいている. この幾
何学的データ解析は，1次元から3次元までの初等幾何学を4次元以上の**幾**
何学的な空間に一般化したものである. 抽象的な数学においては，雲は幾何
学的な空間に散らばっている点の有限集合である. 雲を幾何学的に解釈する
には，幾何学の抽象的な理論は必要とせず，初等幾何学の知識だけで十分で
ある[*1].

●第2章の構成

　本章ではまず，基本的な幾何学の概念をおさらいする（第2.1節）. 次に，
2次元上の雲を例に平均点[注2] と分散を説明する（第2.2節）. そして部分雲[注3]，
雲の分割，寄与率について論じる（第2.3節と第2.4節）. そのあと，主軸と，
それらの主軸上に射影された雲を紹介する（第2.5節）. また3次元以上への
拡張について概略する（第2.6節）. 最後に主平面上の雲に関するいくつかの
公式を示す（第2.7節）.

---

*1　原著注：この章を読むにあたり，高校レベルの幾何学を思い出してほしい. 初等幾何学が苦手な人は，
　　はじめはこの章を読み飛ばしてもかまわない. 線形代数による雲の説明は，Le Roux と Rouanet（2004,
　　第10章）で述べられている.

2.1 幾何学における基本的な考え

幾何学的な空間の基本要素は**点**[†4] である．2つの異なる点によって**直線**（1次元の部分空間）が決められる．同じ直線上に並んでいない3つの点によって**平面**（2次元の部分空間）が決められる．点を，本書ではM, P, Aといった大文字のローマ字で示す．また幾何学的な**ベクトル**を $\overrightarrow{PM}$ と記す．始点Pから終点Mへの**差**[†5] であることを強調して，場合によってはこのベクトルを M − P（「終点 マイナス 始点」）とも記す．

ベクトルは**有向**であり，$\overrightarrow{MP} = -\overrightarrow{PM}$ である．また点Mが点Pと一致している場合，$\overrightarrow{PM}$（および $\overrightarrow{MP}$）を**ゼロベクトル**と呼び，$\vec{0}$ と記す．向きをもつ直線を**軸**と呼ぶ．幾何学的な性質はアフィンと計量[†6] という2種類の概念によって記述される．

- **アフィン**の概念は，共線性[†7]，向き，重心[†8] といったことに関係している．アフィン空間における基本的な演算は，**平行四辺形の法則**に基づくベクトルの加算である．

$$\overrightarrow{PM} + \overrightarrow{PN} = \overrightarrow{PQ}$$

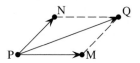

2点の重心　2点A, Bがそれぞれ $a > 0$ および $b > 0$ の重みをもつとする．このとき2点A, Bの重心Gは $a\overrightarrow{GA} = -b\overrightarrow{GB}$ を満たす点と定義される．定義より重心は線分AB上にある．次ページの図は重みを $a = 3$ および $b = 2$ とした例である．

加法の性質　空間内の任意の点Pに対して，

$$\overrightarrow{PG} = \frac{a}{a+b}\overrightarrow{PA} + \frac{b}{a+b}\overrightarrow{PB}$$

が成り立つ．つまり，$\overrightarrow{PG}$ は $\overrightarrow{PA}$ と $\overrightarrow{PB}$ の2つのベクトルの加重平均である．

これらの性質から，次式のように重心Gを**2点の加重平均**と考えることができる．

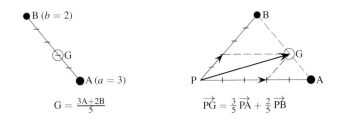

$$G = \frac{a\mathrm{A} + b\mathrm{B}}{a + b}$$

2つの重みaとbが等しい場合，重心は線分の**中点**となる．

数値，ベクトル，点に対する基本的な演算とその結果を下表に要約した．ベクトルは加算できるが点は加算できないことに注意しよう．

	加算	減算	平均
数値	数値	数値	数値
ベクトル	ベクトル	ベクトル	ベクトル
点	［定義されない］	ベクトル（差）	点（重心）

● **計量**の考えは，**距離**，**角度**，直角に関係している．2点MとPとの間の**距離**を線分MPの長さと呼ぶ．距離は対称であり，線分MPと線分PMの長さは等しい．また**三角不等式**PQ ≤ PM + MQを満たす．PQ = PM + MQという等式が成立する必要十分条件は線分PQ上に点Mがあることである．距離は，決められた単位に基づいて定義される非負の数値である．

計量における基本定理は**ピタゴラスの定理**である．$\overrightarrow{\mathrm{PM}}$と$\overrightarrow{\mathrm{MQ}}$が直交している場合（つまり，三角形MPQにおける点Mでの角度が直角の場合）次の等式が成り立つ．

$$(\mathrm{PM})^2 + (\mathrm{MQ})^2 = (\mathrm{PQ})^2$$

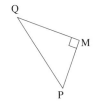

2.2 雲

射的データの例

観測されたデータが現実の世界における物理的な空間で測定された点であれば，それらの点はすでに雲である．以下では，**射的データ**という1つの雲を例にして，幾何学の基本を説明する．平面上の的(まと)に10個の弾痕があるとする．この平面でユークリッド距離（ユークリッド距離は，普通の意味での距離である）を測るには，距離の単位（つまり長さの単位）を決めたあと，図2.1のように原点Oを通る直交軸で表す．

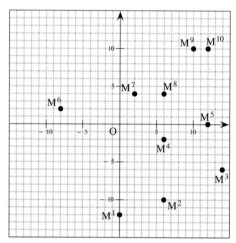

図 2.1　射的データの例　平面上の10個の点からなる雲．平面には，原点O，軸，単位が定義されている

● 点と数値の関係

点の座標を軸から読み取れば，その点は数値に変換される．ここではその座標を**初期座標**[*9] と呼ぼう．10個の点に対して，横座標 (x_1^i) $i = 1, 2, \ldots, 10$ と縦座標 (x_2^i) $i = 1, 2, \ldots, 10$ によって座標の変数 x_1 と x_2 が定義される．ここでは x_1 と x_2 を**初期変数**と呼ぼう（表2.1を参照）．以上の操作とは逆に，座標から点を求めれば，**数値から点へ**と変換できる．

数値変数における統計量（平均点，平方和，分散）は，幾何学的な記法に拡張できる．

● 射的データの例

各初期変数の平均は，$\bar{x}_1 = (0 + 6 + \ldots + 12)/10 = 6$ および $\bar{x}_2 = 0$ である．また分散は $v_1 = \left((0-6)^2 + (6-6)^2 + \ldots + (12-6)^2\right)/10 = 40$ および $v_2 = 52$ である．この2変数の間の相関を測ることができる．共分散は $c = \left((0-6) \times (-12-0) + \ldots + (12-6) \times (10-0)\right)/10$ であるから，相関係数は $r = +8/\sqrt{40 \times 52} = +0.175$ となる．

表 2.1 10個の点の初期座標

点	x_1	x_2
M^1	0	−12
M^2	6	−10
M^3	14	−6
M^4	6	−2
M^5	12	0
M^6	−8	2
M^7	2	4
M^8	6	4
M^9	10	10
M^{10}	12	10
平均	6	0
分散	40	52
共分散	+8	

分散の計算式についての注意点

1. 幾何学的データ解析では，母集団だけではなく標本においても，平方和を $n-1$ ではなく n で割って分散を求める．ここで n は標本の大きさ（観測値の総数）である．n で割る分散は Kendall と Stuart（1973）や Cramér（1946）による優れた統計学の書籍でも使われている．

2. 幾何学的データ分析においては，分散のことを**慣性**[†10] と呼ぶこともある．これは，「慣性モーメント」という力学の用語からの借用である．

直交性についての注意点

本書でいう直交性とは**幾何学的な**直交性を意味する（たとえば，直角に交わる軸）．統計的に相関がない状態も「直交している」ということがあるが，本書では「統計的な無相関」のことではなく，幾何学的な直交性を説明する

ために「直交性」という用語を用いる.

● 雲の平均点

次のように雲の平均点を定義する.

定義：空間における任意の1点をPとする. また, 雲に属するn個の点を$(M^i)_{i=1,2,\ldots,n}$とする. このとき, ベクトル$\overrightarrow{PG} = \sum \overrightarrow{PM^i}/n$の終点Gをその**雲の平均点**と定義する. このように定義された平均点Gは, 点Pの選び方に依存しない.

かりに点Pとして平均点Gを選んだ場合は, 次の**重心に関する性質**[†11]が成り立つ.

$$\frac{1}{n} \sum \overrightarrow{GM^i} = \vec{0}$$

つまり平均点からの差の平均はゼロベクトルとなる.

これらの特性に基づき, 雲の平均[†12]（いわゆる算術平均）は以下の式で表せる.

$$G = \sum M^i/n$$

この式は, 重心Gが雲の平均でもあることを表している.

重心の性質　重心Gの座標は, 座標を表す変数[†13]の平均である.

射的データの例　いまP = O（Pを原点O）とする. $\overrightarrow{OG} = (\overrightarrow{OM^1} + \overrightarrow{OM^2} + \ldots + \overrightarrow{OM^{10}})/10$によって計算される重心Gの座標は, $(x_1, x_2) = (6, 0)$である.

● 点間の距離

軸が直交している場合, 2つの点の間の平方距離[†14]は, ピタゴラスの定理より, 各軸における平方距離を足し合わせた和に等しい.

射的データの例　2点M^1, M^2の間の平方距離は$6^2 + 2^2 = 40$である（図2.1, p.26）. よって距離M^1M^2はその正の平方根$\sqrt{40} = 6.32$である.

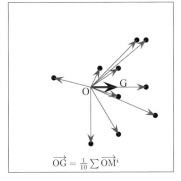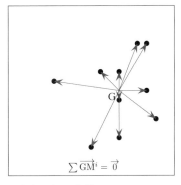

図 2.2　射的データの例　平均点と重心の性質

● 雲の分散 [†15]

雲の分散を次のように定義する.

定義：雲の分散を「平均点から各点までの平方距離」の平均とする（Benzécri, 1992, p.36）. また，**雲の標準偏差**を，雲の分散の正の平方根とする.

雲の分散がもつ性質　軸が直交している場合，雲の分散は，各次元で計算された分散を足し合わせたものである.

射的データの例　各点から平均点までの平方距離は，それぞれ $(GM^1)^2 = (0-6)^2 + (-12-0)^2 = 180$, $(GM^2)^2 = 100$, $\cdots$, $(GM^{10})^2 = 136$ である. したがって距離の平方和は $(GM^1)^2 + (GM^2)^2 + \cdots + (GM^{10})^2 = 180 + 100 + \cdots + 136 = 920$ となり，雲の分散は $V_{\text{cloud}} = 920/10 = 92$, 標準偏差は $\sqrt{92} = 9.5917$ となる.

なお，各軸の座標から計算された分散はそれぞれ $v_1=40$, $v_2 = 52$ であり，よってその和 $v_1 + v_2 = 92$ は先ほどの雲の分散 V_{cloud} に等しい.

ホイヘンスの定理 [†16]　雲の分散は，「『雲の各点から任意の点Ｐまでの平方距離の平均』から，『平均点（重心Ｇ）からその点Ｐまでの平方距離』を引いた値」に等しい.

$$V_{\text{cloud}} = \frac{1}{n} \sum \left(PM^i \right)^2 - PG^2$$

このホイヘンスの定理は，「ある１変数の分散は，平均平方から平均の２乗を引いたものに等しい」という性質を，幾何学的に２次元以上に一般化した

ものである.

**　射的データの例**　Pを原点Oとした場合，射的データの例では，点Pから
各点までの平均平方は $\left(\mathrm{OM}^1\right)^2 + \left(\mathrm{OM}^2\right)^2 + \cdots + \left(\mathrm{OM}^{10}\right)^2 / 10 = 128$ であ
り，原点Oと重心Gとの間の平方距離は $(\mathrm{OG})^2 = 36$ である．これら2つの
差（$128 - 36 = 92$）は雲の分散 V_cloud に等しい.

2.3　部分雲と雲の分割

● 部分雲の定義

　雲の部分集合を**部分雲**[†17] と呼ぶ．部分雲は雲の一部分であるが，部分雲自
体も雲であり，部分雲ごとの平均点や重み[†18] を定義できる.

**　射的データの例**　図 2.3 は，射的データを3つの群，つまり3つの部分雲に
分割した例である．雲を，$\mathcal{A}$（○）の2点 $\{\mathrm{M}^1, \mathrm{M}^2\}$，$\mathcal{B}$（★）の1点 $\{\mathrm{M}^6\}$，
C（●）の7点 $\{\mathrm{M}^3, \mathrm{M}^4, \mathrm{M}^5, \mathrm{M}^7, \mathrm{M}^8, \mathrm{M}^9, \mathrm{M}^{10}\}$ の3つの部分雲に分割し
てある.

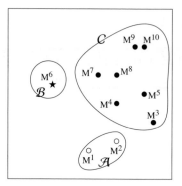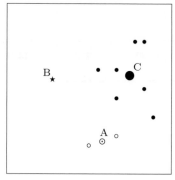

図 2.3　全体の雲を3つの部分雲に分割した例．A, B, Cは各部分雲の平均点を示す

　部分雲 $\mathcal{A}$ の重み n_A は2であり，その平均点Aは線分 $\mathrm{M}_1\mathrm{M}_2$ の中点である．
部分雲 $\mathcal{B}$ の重み n_B は1であり，その平均点はBそのものである．部分雲 C
の重み n_C は7であり，その平均点Cは $\overrightarrow{\mathrm{OC}} = (\overrightarrow{\mathrm{OM}^3} + \cdots + \overrightarrow{\mathrm{OM}^5} + \overrightarrow{\mathrm{OM}^7} + \cdots + \overrightarrow{\mathrm{OM}^{10}}) / 7$ である.

　図 2.3 に示した，各部分雲の平均点 A, B, Cの座標は，各軸の座標から求

められ，表 2.2 のようになる．

表 2.2 平均点 A, B, C の座標

平均点	座標		重み
	x_1	x_2	
A	3	−11	$n_A = 2$
B	−8	2	$n_B = 1$
C	8.8571	2.8571	$n_C = 7$
重心 G	$\overline{x}_1 = 6$	$\overline{x}_2 = 0$	$n = 10$

各部分雲の**分散**を求めてみると，部分雲 $\mathcal{A}$ の分散は $V_{\mathcal{A}} = \left((AM^1)^2 + (AM^2)^2\right)/2 = 10$，部分雲 $\mathcal{B}$ の分散は $V_{\mathcal{B}} = 0$，そして，部分雲 C の分散は $V_C = \left((CM^3)^2 + \cdots + (CM^5)^2 + (CM^7)^2 + \cdots + (CM^{10})^2\right)/7 = 46.5306$ となる．

● 雲の分割と間雲

3 つの部分雲 $\mathcal{A}$, $\mathcal{B}$, C は互いに素であり重なることはない．また 3 つの部分雲の和集合は，10 個の点からなる雲の全体である．このような場合，「雲が 3 つの群に**分割**[19] されている」という．そして分割された雲の 3 つの群の平均点 A, B, C を**間雲**という．間雲も雲であるが，間雲の各点は，その間雲に含まれる個体数を**重みとする雲**である．すなわち，間雲には重みがあり，その重みはそれを構成する部分雲から引き継がれる．この例では（A, 2），（B, 1），（C, 7）である．これらの間雲における各点の重みの和（$2 + 1 + 7 = 10$）は，全体の雲がもつ重みである．また間雲の平均点は，「分割された部分雲の平均点」の**加重平均**であり，これは全体の平均点つまり重心 G である（$\left(2\overrightarrow{OA} + \overrightarrow{OB} + 7\overrightarrow{OC}\right)/10 = \overrightarrow{OG}$）．

> **雲を併合するときの基本的な考え方**：重みは加算し，点からは**平均**を求める．

間雲の分散は，「平均点から各点までの平方距離」の**加重平均**である．このように求めた間雲の分散を**群間分散**[20] と呼び，記号では V_{between} と記す．

射的データの例 $V_{\text{between}} = \left(2(GA)^2 + 1(GB)^2 + 7(GC)^2\right)/10 = (260 + 200 + 114.2857)/10 = 57.4286$

● 群間分散と群内分散への分解

任意のある点 G を基準として部分雲 $\mathcal{A}$, $\mathcal{B}$, $\mathcal{C}$ にホイヘンスの定理を適用すると，次の関係式が導かれる.

$$(\text{GA})^2 + V_{\mathcal{A}} = \frac{1}{2}\left(\left(\text{GM}^1\right)^2 + \left(\text{GM}^2\right)^2\right)$$

$$(\text{GB})^2 + V_{\mathcal{B}} = \left(\text{GM}^6\right)^2$$

$$(\text{GC})^2 + V_C = \frac{1}{7}\left(\left(\text{GM}^3\right)^2 + \ldots + \left(\text{GM}^5\right)^2 + \left(\text{GM}^7\right)^2 + \ldots + \left(\text{GM}^{10}\right)^2\right)$$

これらの関係式それぞれに重み 2, 1, 7 を掛けたあと，これら 3 つの式を右辺どうし，左辺どうしで足し合わせ，それらを 10 で割ると，次式を得る.

$$\frac{1}{10}\left(2\,(\text{GA})^2 + 1\,(\text{GB})^2 + 7\,(\text{GC})^2\right) + \frac{1}{10}\left(2V_{\mathcal{A}} + V_{\mathcal{B}} + 7V_C\right)$$
$$= \frac{1}{10}\left(\left(\text{GM}^1\right)^2 + \left(\text{GM}^2\right)^2 + \ldots + \left(\text{GM}^{10}\right)^2\right)$$

ここで，群内分散を $V_{\text{within}} = (2V_{\mathcal{A}} + V_{\mathcal{B}} + 7V_C)/10$ とすれば，分散の分解[†21] を表す次式が導かれる.

$$V_{\text{between}} + V_{\text{within}} = V_{\text{cloud}}$$

$$[（群間分散）+（群内分散）=（全分散）]$$

なお，より一般な定義では，**群内分散**は，「複数の群に分割された部分雲それぞれの分散」の加重平均となる.

全分散（つまり雲の分散）で群間分散を割って得られる比を，本書では η^2 と記す．これは，「イータ二乗」と読み，統計学では相関比 η の二乗を表すときに伝統的に使われている記法である.

射的データの例　$V_{\text{within}} = (2 \times 10 + 0 + 7 \times 46.5306)/10 = 34.5714$ であるので，$V_{\text{between}} + V_{\text{within}} = 57.4286 + 34.5714 = 92 = V_{\text{cloud}}$ となる．よって $\eta^2 = (57.4286/92) = 0.624$ である.

2.4　寄与率

雲の分散は，各点が雲にどれだけ寄与しているかによって決まる．ある点

が分散に寄与している割合を，**雲に対する点の寄与率**[22] と呼び，「Ctr」と記す．

射的データの例 雲の分散に対して点 M^1 が寄与している量は $(1/10) \times 180 = 18$ である．よってこの点の寄与率は $Ctr_{M^1} = 18/92 = 0.196$ である．

ある雲に対するある部分雲の寄与率[23] を，「その部分雲に属する点の寄与率の合計」と定義する．このように定義された部分雲の寄与率は，「平均点の寄与率」と「群内寄与率」[24] という2つの寄与率の合計に等しい．

射的データの例 部分雲 C について調べると，雲全体に対する部分雲 C の寄与率は $Ctr_C = \left(\frac{1}{10} \times 100 + \cdots + \frac{1}{10} \times 136\right)/92 = 0.478$ である．一方，重み7をもつ平均点 $(C, 7)$ の寄与率は $Ctr_C = \left(\frac{7}{10}(GC)^2\right)/92 = 11.4285/92 = 0.124$ である．また群内寄与率は $Ctr_{within-C} = \left(\frac{1}{10} \times (CM^3)^2 + \cdots + \frac{1}{10} \times (CM^5)^2 + \frac{1}{10} \times (CM^7)^2 + \cdots + \frac{1}{10} \times (CM^{10})^2\right)/92 = 0.354$ である．

これらの数値の間には，$Ctr_C + Ctr_{within-C} = 0.124 + 0.354 = 0.478 = Ctr_C$ という関係が成り立つ．

このような寄与率の分解は，3つの部分雲それぞれについて同じように適用できる．さらに，全体の寄与率は3つの部分雲の寄与率に分解される．つまり，寄与率は次表のように**2段階の分解**[25] として示される．

	寄与率（Ctr）%		
	平均点の寄与率	群内寄与率	部分雲の寄与率
$\mathcal{A}$	28.3	2.2	30.4[26]
$\mathcal{B}$	21.7	0	21.7
$\mathcal{C}$	12.4	35.4	47.8
全体	62.4	37.6	100
	群間寄与率の和	群内寄与率の和	

上の表にある**群間寄与率**は先ほど定義した相関比の二乗 η^2 と等しく，**群**

内寄与率は $1 - \eta^2$ と等しい．なお，もし部分雲に2点しかない場合には，群内寄与率は，2点間の**差の寄与率**に等しい．

　射的データの例　2点（A,C）間の差の寄与率は次のように求められる．まず重みに相当する値を，

$$\widetilde{n} = \frac{1}{\left(\frac{1}{n_A} + \frac{1}{n_C}\right)} = \frac{1}{\left(\frac{1}{2} + \frac{1}{7}\right)} = \frac{14}{9} = 1.5556$$

と計算する．これは，「2点（A,C）の差がもつ重み[27]」と考えられる．次に $\widetilde{p} = \widetilde{n}/n = 1.5556/10 = 0.15556$ とすると，差の寄与率は

$$\mathrm{Ctr}_{(AC)} = \frac{\widetilde{p}\,(\mathrm{AC})^2}{V_{\mathrm{cloud}}} = \frac{0.15556 \times 226.3265}{92} = 0.383$$

となる．

　寄与率についての注意点　ここでは2次元上の雲に対する寄与率を説明した．しかし実用上は，1つ1つの主軸に射影した雲を解釈することが多く，よって1次元ごとの寄与率がよく利用される．

●より一般的な公式

　ここからは，重み $n_i \geq 0$ によって**重み付けられた雲** M^i に関する公式を紹介する．すべての重みの和を $n = \sum n_i\,(n > 0)$ とする．また点 M^i の**相対的な重み**を $p_i = n_i/n$ とする．なお相対的な重みの合計が1であるとき，「雲は**単純である**[28]」という（例：射的データで10個の点からなる雲は単純である）．

- **平均点（重心）**：平均点（すなわち重心）は，$\mathrm{G} = \sum p_i \mathrm{M}^i$ と定義される．なおここで，$\sum p_i \overrightarrow{\mathrm{GM}^i} = \overrightarrow{0}$ である（重心の性質）．点に対する重みがすべて等しい場合，それらの点の重心を**等重心**[29]と呼ぶ．

- **雲の分散**：$V_{\mathrm{cloud}} = \sum p_i \left(\mathrm{GM}^i\right)^2$ と定義される．なお (M, p) と (M', p') の2点しかない場合は，分散は，$V_{\mathrm{cloud}} = pp' \left(\mathrm{MM}'\right)^2$ と等しい（ここで $p + p' = 1$ である）．

- **点 M^i の寄与率**：$\mathrm{Ctr}_i = p_i \left(\mathrm{GM}^i\right)^2 / V_{\mathrm{cloud}}$ と定義する．平均点の寄与率を計算するときにもこの公式が使える．

- **2点AとBの間の差の寄与率**：それぞれの重みが n_A と n_B である，2点 A と B の差の寄与率を次式によって定義する．

$$\mathrm{Ctr}_{(AB)} = \frac{\widetilde{p}(AB)^2}{V_{\mathrm{cloud}}}$$

ここで

$$\widetilde{p} = \left(\frac{1}{\frac{1}{n_A} + \frac{1}{n_B}} \right)/n$$

である．

以下に，ある雲をいくつかの部分雲に分割した場合の公式を示す．以下では，分割された部分雲を C_k，相対的重みを p_k，平均点を C^k，分散を V_{C_k} と記している．

- **群間分散**：$V_{\mathrm{between}} = \sum p_k \left(\mathrm{GC}^k \right)^2$

- **群内分散**：$V_{\mathrm{within}} = \sum p_k V_{C_k}$

- **相関比の二乗**：$\eta^2 = V_{\mathrm{between}}/(V_{\mathrm{within}} + V_{\mathrm{between}})$

2.5 雲の主軸

雲の射影

$\mathcal{L}$ と $\mathcal{L}'$ を平行ではない直線とし，それらによって張られている平面上の点を P とする．$\mathcal{L}'$ に沿って $\mathcal{L}$ 上に点 P を射影した場合の射影された点を P′ とすると，PP′ は $\mathcal{L}'$ と平行である（図 2.4）．このとき，ベクトル $\overrightarrow{\mathrm{P'P}}$ を，**残差**[30] と呼ぶ．もし，点 P が直線 $\mathcal{L}$ 上にあれば，P′ = P かつ $\overrightarrow{\mathrm{P'P}} = \overrightarrow{0}$ である．

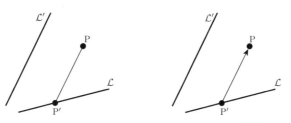

図 2.4 点 P′ は $\mathcal{L}$ に沿って $\mathcal{L}$ 上に点 P を射影した点．右側の図の $\overrightarrow{\mathrm{P'P}}$ は残差ベクトル

Iが点Pと点Qの中点であるとき，IをＬ上に射影したI′は点P′と点Q′の中点である．

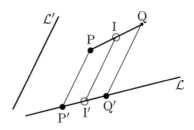

図 2.5 平均点の性質 平均点は，射影先でも平均点となる

射影された点から構成された雲を，**射影雲**[†31]と呼ぶ．射影雲には，「雲の平均点の射影は，射影雲の平均点となる」という性質がある．この性質を**平均点の性質**[†32]と呼ぶ．

● 直交射影

Ｌ上にない点PをＬ上に射影したときにP′PがＬと直交している場合，その射影を直交射影という（図2.6）．直交射影された点P′は，Ｌ上にあるすべての点の中で，点Pまでの距離が最短の点である．

縮小の性質[†33]：点P′と点Q′をそれぞれ点Pと点QをＬ上に直交射影した点とすると，P′Q′ ≤ PQが常に成立する．PQがＬと平行な場合，等号が成り立つ（P′Q′ = PQとなる）．つまり直交射影された点の間の距離は，常に元の距離以下になる．この結果から，射影雲の分散は常に元の雲の分散以下（小さいかあるいは等しい）となる．

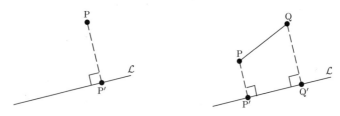

図 2.6 点P をＬ上に直交射影したとき（左側），および縮小の性質（右側）

これ以降，本書では直交射影のみを扱う．

複数の直線や複数の主軸への射影 [†34]

いくつかの異なる直線に雲を射影した場合，それらの直線が互いに平行でなければ，それらの射影雲の分散は互いに異なる．

射的データの例　水平線に雲を射影した場合，その射影雲の分散は $v_1 = 40$ である．一方，垂直線に雲を射影した場合，その射影雲の分散は $v_2 = 52$ である．図 2.7，図 2.8 (p.38) は異なる6つの直線上に射影したときの結果である．それぞれの直線は，水平線との角度が $-90°(\mathcal{L}_1)$，$-60°(\mathcal{L}_2)$，$-30°(\mathcal{L}_3)$，$0°(\mathcal{L}_4)$，$+30°(\mathcal{L}_5)$，$+60°(\mathcal{L}_6)$，$+90°(\mathcal{L}_1)$ である．図 2.9 (p.38) は，射影雲の分散が，射影先である直線の角度（水平線との角度）の変化に応じてどのように変わるかを示している．

● 第1主軸

直線の角度を $\alpha_1 = 63.44°$ としたとき，射影雲の分散は最大となる（このときの分散は56となる）．この分散を最大にする直線を**第1主軸**と呼び，これを $\mathcal{A}_1$ と表す（ここで，直線上の数値の向きは任意，つまり正負の向きはいずれかに決めてよい）．

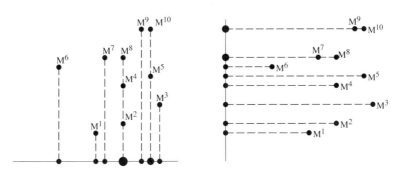

図 2.7　射的データの例　水平線に射影された雲（分散は $v_1 = 40$），および垂直線に射影された雲（分散は $v_2 = 52$）．射影した黒丸の大きさは重なっている点の個数を表す

第1主軸 $\mathcal{A}_1$ に射影された雲を**第1主雲**[†35] と呼ぶ．その分散を，**第1主軸の分散**，もしくは**第1固有値**といい，λ_1 と表記する（λ_1 は「ラムダワン」あるいは「ラムダいち」と読む）．

残差　第2.5節 (p.35) で述べたように，ある点の残差は射影された点からその点まで伸ばしたベクトルであった．「射影雲の分散を最大にする」こ

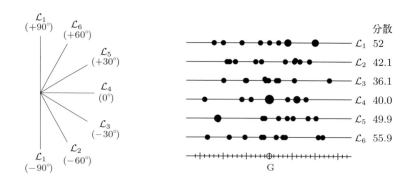

図 2.8 6つの直線上に射影された雲とそれらの分散

とは「残差平方和を最小にする」ことと等価である．つまり，「第1主雲とは，直交最小2乗の基準のもとですべての射影雲のうちもっとも当てはまりのよい雲」のことである．

●第2主軸

点Gを通りかつ$\mathcal{A}_1$と直交する軸を$\mathcal{A}_2$とする．この$\mathcal{A}_2$上に射影された雲が，第2主雲である．その分散を第2固有値と呼び，λ_2と表記する．射的データの例では$\lambda_2 = 36$である．固有値の合計は雲全体の分散に等しい（$\sum \lambda = V_{\text{cloud}}$）．

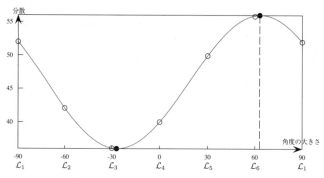

図 2.9 直線の角度と射影雲の分散との関係

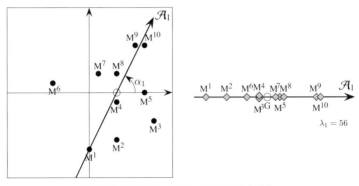

図 2.10 第 1 主軸（左側）と第 1 主雲（右側）

射的データの例：2 つの固有値の和は，$\lambda_1 + \lambda_2 = 56 + 36 = 92$

● **雲の主軸表現**

　射的データの例において，はじめにデータを表した軸（初期軸）から主軸へと変換するには，$\alpha_1 = +63.44°$ だけ初期軸を回転すればよい[36]．言い換えると，すべての点を $-\alpha_1$ だけ回転すれば主軸での表現となる．幾何学的データ解析では通常，横軸を第 1 主軸とし，縦軸を第 2 主軸とする．

軸の説明力と点の表現品質 [37]

　ある主軸の分散 λ を雲全体の分散 V_{cloud} で割って得られる割合を，**分散率** [38] と呼ぶ．分散率は，その軸の説明力を示す指標である．

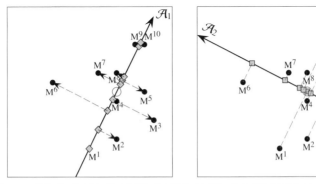

図 2.11 射的データの例　第 1 主雲とその残差（左側），および第 2 主雲とその残差（右側）

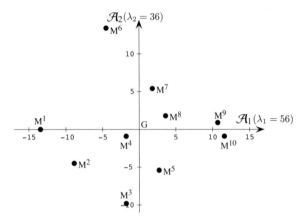

図 2.12　射的データの例　雲の主軸表現

射的データの例　第1主軸の分散率は $\lambda_1/\mathrm{V_{cloud}} = 56/92 = 0.609$ である．これは，第1主軸により雲全体の分散の60.9%を説明できることを意味する．第2主軸の分散率は，$\lambda_2/\mathrm{V_{cloud}} = 36/92 = 0.391$（39.1%）である．

　分散率は軸の説明力を示す**全体的な**指標である．「各軸によって，点がどの程度うまく表現されているか」は雲の中の点ごとに異なるだろう．たとえば，点 M^1 は完全に第1主軸によって表現されているが，点 M^6 の第1主軸による近似は悪い[39]（図 2.12）．一般に，ある軸における点 M の**表現品質**は，「『点 M を射影した点から，点 G までの平方距離』を『点 M から，点 G までの平方距離』で割って得られる比」である．点 M を軸に射影した点を点 M′ とすると，その軸における点 M の表現品質は，

$$\frac{(\mathrm{GM'})^2}{(\mathrm{GM})^2} = \cos^2\theta$$

である．ここで，$\cos\theta = \dfrac{\mathrm{GM'}}{\mathrm{GM}}$ である．

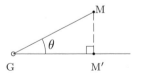

主座標と主軸に対する点の寄与率

主軸で表現される雲は，各点の主座標[40] によって特徴付けられる（表 2.3，p.42）．そして主座標によって**主変数**が特徴付けられる．射的データの例では，（数値の丸め誤差の範囲内で）各主変数の平均は 0 で，分散が固有値となることが分かる．また，**2 つの主変数は無相関**である（つまり共分散および相関が 0 である）．

ある主軸に対するある点の寄与率[41]（Ctr）は，（相対的な重み）×（その軸での座標の 2 乗）÷（その軸の固有値）で算出する（この定義については，p.32，2.4 節を参照のこと）．

通常，分析結果として，各点の主座標だけでなく，主軸に対する各点の寄与率，および各点の主軸による近似のよさも求める（表 2.3）．

相対的な寄与についての注意点　ある主軸に対するある点の寄与率（Ctr）は，その軸の分散全体に，ある 1 点が相対的にどの程度寄与しているかを表している．一方，表現品質（$\cos^2$）は，ある 1 つの点のばらつきを，当該注目した軸が相対的にどの程度説明しているかを表している．両方とも，相対的な指標である．

射的データの例　第 1 主軸の分散のうち点 M^2 によって説明される量は，$(1/10)(-8.94)^2 = 8.0$ である．

第 1 主軸の分散は $\lambda_1 = 56$ である．よって，第 1 主軸に対する M^2 の寄与率は $\mathrm{Ctr}_{M^2} = 8.0/56 = 0.143$（14.3%）である．

点 M^2 の分散は，全体で $p \times \left(GM^2\right)^2 = (1/10) \times 100 = 10$ である．よって $\cos^2\theta = 8.0/10 = 0.80$（$\theta = 26.57°$）となる．このように求められるので，この表現品質のことを**点に対する主軸の寄与率[42]**ともいう．

第 1 主軸に対する 4 つの点（M^1, M^2, M^9, M^{10}）の寄与率は，合計で 91.1% である．M^1 と M^2 の重心の座標は $(-13.42 - 8.94)/2 = -11.18$ であり，M^9 と M^{10} の重心の座標は $(+10.73 + 11.63)/2 = +11.18$ である．このとき，これら 2 つの重心間の差による第 1 主軸への寄与率は，p.34 の公式で $\tilde{n} = 1$ として，

$$\frac{\frac{1}{10}(11.18 + 11.18)^2}{56} = 0.893$$

となる．これらの結果から，第 1 主軸はこれら 2 つの重心間の差によってう

表 2.3 射的データの例 主座標，点の寄与率（Ctr%），および表現品質（cos²）

	主座標		寄与率（Ctr%）		表現品質（cos²）	
	第1主軸	第2主軸	第1主軸	第2主軸	第1主軸	第2主軸
M^1	−13.42	0.00	32.1	0	1.00	0.00
M^2	−8.94	−4.47	14.3	5.6	0.80	0.20
M^3	−1.79	−9.84	0.6	26.9	0.03	0.97
M^4	−1.79	−0.89	0.6	0.2	0.80	0.20
M^5	+2.68	−5.37	1.3	8.0	0.20	0.80
M^6	−4.47	+13.42	3.6	50.0	0.10	0.90
M^7	+1.79	+5.37	0.6	8.0	0.10	0.90
M^8	+3.58	+1.79	2.3	0.9	0.80	0.20
M^9	+10.73	+0.89	20.6	0.2	0.99	0.01
M^{10}	+11.63	−0.89	24.1	0.2	0.99	0.01
平均	0	0 合計	100	100		
分散（λ）	56	36				

まく解釈できることが分かる．

　同様に第2主軸は2つの点，M^6 と M^3 の差によって大部分が説明される．M^6 と M^3 の第2主軸への寄与率は合計で77%であり，また，その差の寄与率は75%である．

　軸に対する点の寄与率は，もっとも軸に寄与している点がどれであるかを知ることにより，主軸を解釈するのに使われる．

2.6　2次元の雲からより高次元の雲への一般化

● 3次元の雲への一般化

　ここまでは2次元の雲についての説明であったが，3次元の雲に対しても直ちに一般化できる．3次元上の雲から得られる第1主軸は，その軸に直交射影された雲の分散が最大になる（つまり，残差平方和が最小になる）軸である．この第1主軸に直交している平面上に雲を射影すれば，3次元上の雲は2次元上での雲となる．そのようにして2次元平面上に射影された雲に，前節で述べた2次元で用いた計算手順を再び適用すれば，第2主軸と第3主軸が得られる．

　「元の雲にもっとも当てはまっている平面は，第1主軸と第2主軸によって構成される平面である」という性質を，**階層関係の性質**[†43]，もしくは，入れ

子関係の性質と呼ぶ[*2].

● 高次元の雲への一般化

初等幾何学に基づく3次元までの公式や性質などは，4次元以上に，これまでと同じ考え方で一般化できる．

平均点および分散は点間の距離だけに依存する．よって直交射影によって求められる第1主軸，その残差，第2主軸…等々も，点間の距離だけに依存する．

主軸の性質

- 雲の次元数がLである場合，$\lambda_1 \geq \lambda_2 \geq \ldots \geq \lambda_L$を満たす$L$個の固有値が存在する．この固有値（主軸の分散）の和は雲全体の分散に等しい（$\sum \lambda = V_{\mathrm{cloud}}$）．

- 主軸は互いに直交している．

- 各主軸の方向（符号の正負の向き）は任意に決められる．

- 相異なる固有値に対応する主変数は互いに無相関である．

固有値に関する注意点　いくつかの固有値がまったく等しいこともありうる．たとえば，$\lambda_1 = \lambda_2$となることもありうる．その場合，第1主軸と第2主軸によって張られる平面上のすべての直線においてその直線に射影した雲の分散は同じになる．このような雲を**球状である**[†44]という．

雲の形状[†45]は固有値の大きさが相対的にどれくらい異なるかによって決まる．たとえば，$\lambda_1 \approx \lambda_2 \gg \lambda_3$である場合，つまり，$\lambda_1$と$\lambda_2$はほぼ等しく，これが$\lambda_3$よりも非常に大きい場合，雲はレンズのような形である．また，$\lambda_1 \gg \lambda_2 \approx \lambda_3$である場合には，雲は葉巻のような形である．

数値計算上は，元のデータ表から算出された行列の対角化，もしくは特異値分解（SVD）により，主軸は求められる．多重対応分析に関する数式類は

[*2]　原書注：すべての多次元データ解析手法でこうした望ましい性質が成り立つわけではない．たとえば，非計量型多次元尺度法（nonmetric MDS）の場合には成立しない．同様に，回帰分析においてもこの性質は成立しない．たとえば，複数の独立変数（$x_1, x_2, x_3, x_4, \ldots$）があるとして，1変数の単回帰において$x_1$による単回帰がもっとも当てはまっていたとしても，2変数の重回帰においては，x_1を含まない，（x_2, x_4）による重回帰がもっとも当てはまるという場合もありうる．

付録（p.143）に記した.

2.7 平面上の雲に関する計算公式

表 2.1（p.27）に挙げた数値例の計算結果は，次に示す計算公式から得られる（表の数値結果は必要な精度に丸めてある）.

- 初期座標が (x_1, x_2) の点 M と，初期座標が (x'_1, x'_2) の点 M′ との間の距離 MM′ は，以下のようになる.

$$MM' = \sqrt{(x_1 - x'_1)^2 + (x_2 - x'_2)^2}$$

数値例：射的データの例では，$M^1M^2 = \sqrt{(0-6)^2 + (-12+10)^2} = \sqrt{40} = 6.3$

- x_1 の分散（横座標の分散）：$v_1 = \sum n_i \left(x_1^i - \overline{x}_1\right)^2 / n$

  x_2 の分散（縦座標の分散）：$v_2 = \sum n_i \left(x_2^i - \overline{x}_2\right)^2 / n$

  (x_1, x_2) の共分散: $c = \sum n_i \left(x_1^i - \overline{x}_1\right)\left(x_2^i - \overline{x}_2\right) / n$

  数値例：射的データの例では，すべての点 M^i で重み $n_i = 1$ であり，$n = 10$ である.

  分散と共分散は $v_1 = 40,\ v_2 = 52,\ c = 8$ である.

- **横軸との角度が α である軸における分散：**

$$V(\alpha) = v_1 \cos^2 \alpha + 2c \sin \alpha \cos \alpha + v_2 \sin^2 \alpha$$

  数値例：射的データの例では，角度 $\alpha = 60°$（直線 $\mathcal{L}_6$）のとき $V(60) = 40 \times 0.25 + 2 \times 8 \times 0.866 \times 0.5 + 52 \times 0.75 = 55.9$

- **固有方程式**：$\lambda^2 + (v_1 + v_2)\lambda + v_1 v_2 - c^2 = 0$

  第1主軸の分散：$\lambda_1 = \dfrac{v_1 + v_2}{2} + \dfrac{1}{2}\sqrt{(v_1 - v_2)^2 + 4c^2}$

  数値例：$\lambda_1 = \dfrac{40 + 52}{2} + \dfrac{1}{2}\sqrt{(40-52)^2 + 4 \times 8^2} = 56$

  第1主軸の角度 α_1：$\tan \alpha_1 = \dfrac{\lambda_1 - v_1}{c}$

数値例：射的データの例では，$\tan\alpha_1 = (56-40)/8 = 2$, $\alpha_1 = 63.4°$

第1主軸の直線を表す方程式: $x_2 - 0 = 2\,(x_1 - 6)$

- **第1主軸における点Mの主座標**：

$$y_1 = (x_1 - \overline{x}_1)\cos\alpha_1 + (x_2 - \overline{x}_2)\sin\alpha_1$$

数値例：$\cos\alpha_1 = 1/\sqrt{5} = 0.4472$, $\sin\alpha_1 = 2/\sqrt{5} = 0.8944$

第1主軸における点M^1の主座標：$y_1^1 = (0-6)\times 0.4472 + (-12-0)\times$
$0.8944 = -13.42$

- **主座標から計算される2点間の距離（主座標が$(y_1,\,y_2)$である点Mと，主座標が$(y_1',\,y_2')$である点M′との間の距離）**：

$$\mathrm{MM'} = \sqrt{\left(y_1 - y_1'\right)^2 + \left(y_2 - y_2'\right)^2}$$

数値例：射的データの例では，（表2.3，p.42より）$\left(\mathrm{M^1M^2}\right)^2 =$
$(-13.42 + 8.94)^2 + (0 + 4.47)^2 = 40$. よって，$\mathrm{M^1M^2} = \sqrt{40} = 6.3$

第2章の訳注

†1 ここで原文は "cloud of points" であり，直訳すれば「点雲」「点の雲」である．これは "cloud" つまり「雲」のことでもある．用語集を参照．

†2 原文は "mean point" とある．これを意訳すると「平均の位置を示す点」となるが，ここでは単に「平均点」と訳した．

†3 原文の "subcloud" を「部分雲」とした．

†4 これは "point" の訳．フランス語でも綴りは同じ "point" だが読み方は異なる．

†5 原文は "deviation" で，一般には「偏差」と訳すが，ここでは後述の説明に合わせ単に「差」とした．

†6 原文には "affine and metric" とあり，これに「アフィンと計量」の訳を当てた．

†7 ここの原文は "alignment" であり，直訳すると「同じ直線上に点が並ぶこと」だがこれを「共線性」とした．

†8 原文の "barycenter" を「重心」とした．

†9 ここで "initial coordinate" を「初期座標」，"initial variable" に「初期変数」という訳を当てた．

†10 原文は "inertia" で，これに「慣性」の訳を当てた．Benzécri が，対応分析などの説明で好んで利用した．フランスの文献にはこの語句がよく登場する．

†11 原文は "barycentric property" で，これを「重心に関する性質」とした．

†12 原文では "mean (i.e., average)" とある．"mean" に「平均」，"average" に「算術平均」を当てたが，意味は同じである．

†13 原文は "coordinate variable" とあるが，「座標を表す変数」とした．

†14 原文は "squared distance" で「距離の 2 乗」のこと．

†15 原文の "variance of cloud" を「雲の分散」とした．本書ではこれを記号 V_{cloud} で表している．第 3 章にある「雲全体の分散」「全体の分散」や，さらに「全分散」あるいは単に「分散」など，状況に応じて語句を使い分けた．用語集を参照．

†16 「ホイヘンスの定理」(Huygen's property) とは，物理学の慣性モーメントに対する定理の 1 つである「平行軸の定理」のこと．Escoufier and Pages (1990, p.246), Gower and Hand (1996, p.10), Le Roux and Rouanet（2010, p.79, p.81）を参照．後述の「全分散（雲の分散）＝群内分散＋群間分散」は，このホイヘンスの定理からも導出できる．p.46 の訳注 21 も参照．用語集も参照．

†17 原文の "subcloud" を「部分雲」とした．

†18 原文の "weight" を「重み」とした．ここで重みとは，部分雲に含まれる標本の大きさ（観測値の個数や個体数）のこと．

†19 ここで原文の "class" に「群」を，"partition" に「分割」の訳を当てた．

†20 原文の "between-variance"，"within-variance" を直訳すると「間分散」「内分散」となるだろう．これは，通常の統計用語でいえば，ある雲を部分雲という複数の群に分けたときの「群間分散」と「群内分散」である．ここではそれぞれを記号 $V_{between}$，V_{within} で表している．

†21 この分散の分解を表す関係式は，ホイヘンスの定理からも導出できる．p.46 の訳注 16 を参照．

†22 ここで "contribution of the point to the cloud" を「雲に対する点の寄与率」とした．

†23 "contribution of a subcloud to a cloud" に対しては「ある雲に対するある部分雲の寄与率」の訳を当てた．

†24 以下で "within-contribution" を「群内寄与率」，"between-contribution" を「群間寄与率」，"contribution of the deviation between the two point" を「2 点間の差の寄与率」とした．

†25 ここの原文は "the double *breakdown of contributions*" で，これを「2 段階の分解」とした．

†26 この値は桁数を増やすと「30.4348」であり，全体で 99.9 となるが数値を丸めて 30.4 とした．

†27 原文は "weight of deviation" であるが，ここで "deviation" を「残差」とし「差がもつ重み」とした．

†28 ここは原文では "the cloud is said to be *elementary*" とあり，これを「雲は**単純**である」とした．

†29 原文の "equibarycenter" を「等重心」とした．

†30 ここの原文は "residual deviation" であるが，これを「残差」とした．

†31 原文では "projected cloud" とあり，これに「射影雲」の訳を当てた．

†32 原文では "mean point property" とあり，これを「平均点の性質」とした．

†33 原文の "contracting property" を「縮小の性質」とした．

†34 ここから数ページにある説明は，表 2.1 (p.27) の射的データから求めた共分散行列に主成分分析を適用して得られる情報に相当する．表 2.3 (p.42) にある 2 つの主軸が主成分であり，主座標が主成分得点（主成分スコア）である．図 2.12 (p.40) は主成分得点を第 1-2 主平面に布置した図である．ここではこの布置を幾何学的データ解析の観点から「主座標の雲」あるいは「主雲」と表現している．

†35 原文では "first principal cloud" とあり，これを「第 1 主雲」とした．

†36 ここでは，図 2.10 の左図のように，回転は重心 $(x_1, x_2) = (6, 0)$ の位置（○印）を要に行う.

†37 原文は "quality of fit of an axis", " quality of representation of a point" であるが，これにそれぞれ「軸の説明力」「表現品質」の訳を当てた.「表現品質」は，相対寄与度（relative contribution）あるいは平方相関（squared correlation）ともいう.

†38 原文の "variance rate" に「分散率」の訳を当てた. なお，"variance rate" を，主成分分析では「各次元（成分）の寄与率」（contribution rate）と呼ぶこともある.

†39 つまり，この例では点 M^6 の説明力は第 2 主軸のほうが高い.

†40 原文の "principal coordinate" を「主座標」と訳した. また "principal variable" を「主変数」とした.「主座標」のことを，数量化Ⅲ類では，「スコア」「数量化スコア」「数量化得点」などという. 指示行列の多重対応分析から得た主座標とアイテム・カテゴリー型のデータ表の数量化Ⅲ類から得たスコアは一致する. ただし，多重対応分析では主座標が使われることが多いのに対して，数量化Ⅲ類においては標準座標や標準解と呼ばれるものが使われることが多い. 主座標では分散が固有値に等しいが，標準座標では分散が 1 に標準化されている. 本書で述べる多重対応分析では，主座標を幾何学的な射影をもとに導いているが，数量化Ⅲ類ではデータ表の行要素と列要素に対して付与されたスコア間の相関係数を最大化することで導出する. なお，第 3 章の表 3.1（p.52）も参照のこと.

†41 "contribution of a point to an axis" をここでは「ある軸に対するある点の寄与率」とした. これを「絶対寄与度」（absolute contribution）ということがある.

†42 ここは "contribution of axis to point" とありこれを「点に対する主軸の寄与率」とした. これを相対寄与度（relative contribution）あるいは平方相関（squared correlation）ともいう. 用語集も参照.

†43 原文の "heredity property" を「階層関係の性質」，"nesting property" を「入れ子関係の性質」と訳した.

†44 原文は "… to be *spherical*" とあり，これを「球状である」とした.

†45 フランスの文献には，データ表の構造と対応分析，多重対応分析で得られる雲の形状についてのさまざまな記述がある（幾何学的な観察を重視しているということ）. たとえば，Benzécri (1973), Volle, M. (1985, pp.155–162), Jambu, M. (1989, pp.248–251), Le Roux and Rouanet (2010,pp.219–220) などを参照.

第**3**章 多重対応分析の方法

　多重対応分析を説明するには，社会調査での質問票の用語[*1]を援用すると分かりやすい．多重対応分析が対象とする基本的なデータセットは，「個体×質問」の表[†1]である．ここで質問はカテゴリカルな変数である．すなわち，各質問は有限個の**カテゴリー**からなる変数である．カテゴリーは**モダリティ**[†2]ともいう．質問票にある各質問について，各回答者（個体）が，複数ある選択肢の中から，いずれかの選択肢を1つだけ「選ぶ」とした場合，その質問票から得られたデータ表を「標準形式である[†3]」という．データが標準形式でない場合には，**事前のコーディング**[†4]を行う必要がある．**カテゴリー**は，もともと質的（名義尺度などのカテゴリカルなデータ）であっても，量的な数値をいくつかのカテゴリーに分けたものでもよい．「個体」は，人間の回答者だけでなく，会社や商品などの「統計的な個体」であってもかまわない．

● **第3章の構成**

　まず，個体間の距離を用いて多重対応分析の原則を説明する．次に，個体の雲とカテゴリーの雲に関する性質を解説する．第3.1節において，主軸，主座標，寄与率，遷移方程式を説明する．第3.2節では，数値例として嗜好データの全体的な分析を行う．最後に，第3.3節において，通常の多重対応分析を少し変形した2つの手法を紹介する．

3.1　多重対応分析の原則

　n人の個体からなる集合をI，質問の集合をQと記す．このとき多重対応分析が分析対象とするデータ表は$I \times Q$（n行$\times Q$列）の表[†5]である．この表の(i, q)セルには，質問qに対して個体iが選択したカテゴリーが含まれる．

[*1]　原書注：ここで「質問票の用語」とは，社会調査などの質問票で使われる語句という意味である．「個体」に対する性質や属性などを説明する場合は，ここでいう「質問票の用語」は比喩的な意味となる．

質問 q に対するカテゴリーの集合を K_q，カテゴリー全体の集合を K と記す．カテゴリー k を選択した個体数を n_k（> 0）と記す．また，カテゴリー k を選択した個体の相対度数を $f_k = n_k / n$（> 0）と記す．

多重対応分析を行うと2つの雲が得られる．それら2つの雲とは，「個体の雲」と，「カテゴリーの雲」である．

全体の雲

● 個体の雲

まず，多重対応分析において個体間の距離がどのように定義されているかを説明する．

質問 q について，個体 i と個体 i' との間の距離を $d_q(i, i')$ と記す．かりに質問 q について個体 i と個体 i' が同じカテゴリーを選択したとすると（つまり2人の個体の「回答が一致」[†6] していれば），質問 q でのこれらの個体間の距離はゼロ（$d_q(i, i') = 0$）である．

ある質問での個体間の距離がゼロより大きくなるのは，2人の個体が異なったカテゴリーを選択した場合（つまり「回答が不一致」の場合）である．質問 q において，個体 i がカテゴリー k を選び，個体 i' がカテゴリー k' を選んだ場合，質問 q における個体 i と個体 i' の間の平方距離は次式により定義される．

$$d_q^2(i, i') = \frac{1}{f_k} + \frac{1}{f_{k'}}$$

質問数を Q で表すと[*2]．質問全体における個体 i と個体 i' の間の平方距離は次式により定義される．

$$d^2(i, i') = \frac{1}{Q} \sum_{q \in Q} d_q^2(i, i')$$

個体のすべての対(i, i')について，上式により定義された個体間距離に基づき，L 次元空間に散らばる n 個の点から構成される雲が形成される．ここで，$L \leq K - Q$（カテゴリーの総数 K から，質問数 Q を引いた値）であり，また $n \geq L$ であるとする．

個体 i を表す点を M^i，雲の平均点を G とする．このとき，点 M^i から点 G

[*2] 原書注：本書では，有限集合を示す記号と，その有限集合における要素数を示す記号に，まったく同じ文字を用いる．ただし，例外として，個体数は（I ではなくて）n と記す[†7]．

までの平方距離は,

$$\left(\mathrm{GM}^i\right)^2 = \left(\frac{1}{Q} \sum_{k \in K_i} \frac{1}{f_k}\right) - 1$$

である. ここで K_i は, 個体 i の**回答パターン**[8], すなわち, 個体 i によって選択された Q 個のカテゴリーの集合を示す.

雲全体の分散は $\sum \left(\mathrm{GM}^i\right)^2 / n$ である (これの定義は第 2.2 節, p.26 から, とくに p.29 を参照のこと). この雲全体の分散は, 計算すると, $(K/Q) - 1$ (質問 1 つあたりの平均カテゴリー数から 1 を引いた値) という簡潔な式となる.

注意 各個体は, 各質問において 1 つのカテゴリーのみを選択していることから[9], K_q 個のカテゴリーからなる質問 q は, n 人の個体を K_q 個のグループに分割することになる.

注釈

1. 一致していないカテゴリーの度数が少ないほど, 個体間の距離は大きくなる.

2. ある個体 i が, 度数の少ないカテゴリーを選択している場合, その個体の点 M^i は中心から遠ざかる. その結果, 度数の少ないカテゴリーを選択した個体は, 雲の端のほうに位置することになる.

3. 雲全体の分散は, データの値には依存しない[*3].

● **距離と指示行列**[10]

個体 i がカテゴリー k を選択した場合を $\delta_{ik} = 1$ とし, 選択しなかった場合は $\delta_{ik} = 0$ とする. これらの 0, 1 要素から $I \times K$ の指示行列が構成される. 2 つの個体 i と i' との間の距離は, $d^2(i, i') = (1/Q) \sum_{k \in K} (\delta_{ik} - \delta_{i'k})^2 / f_k$ である.

例 3 つの質問 A, B, C があり, 各質問のカテゴリーが, $A = \{a_1, a_2\}$, $B = \{b_1, b_2\}$, $C = \{c_1, c_2, c_3\}$ であるとしよう. したがってこの例では, $K = 2 + 2 + 3 = 7$ である.

[*3] 原書注:相関行列に対する主成分分析も似たような性質をもつ. 相関行列に対する主成分分析では, 雲全体の分散は変数の個数に等しい.

　表3.1は, $I \times Q$（大きさがn行×Q列）の元のデータ表と, $I \times K$（大きさがn行×K列）の指示行列[†11]を示している. この例における個体iの回答パターンは(a_1, b_2, c_2), 個体i'の回答パターンは(a_2, b_2, c_3)となっている.

　この例における2つの個体iとi'の間の平方距離は,

$$d^2(i, i') = \frac{1}{3}\left(\frac{(1-0)^2}{f_{a_1}} + \frac{(0-1)^2}{f_{a_2}} + \frac{(0-0)^2}{f_{b_1}} + \frac{(1-1)^2}{f_{b_2}} + \frac{(0-0)^2}{f_{c_1}} + \frac{(1-0)^2}{f_{c_2}} + \frac{(0-1)^2}{f_{c_3}}\right)$$

$$= \frac{1}{3}\left(\frac{1}{f_{a_1}} + \frac{1}{f_{a_2}} \cdots\cdots + \cdots\cdots 0 \cdots\cdots + \frac{1}{f_{c_2}} + \frac{1}{f_{c_3}}\right)$$

である. この平方距離の計算式は, p.50のそれと同じである. また, 同じように, 点M^iから点Gまでの平方距離は, $\left(\mathrm{GM}^i\right)^2 = \left(\dfrac{1}{Q}\displaystyle\sum_{k \in K_i}\dfrac{1}{f_k}\right) - 1$である.

表3.1　$Q = 3$の質問（$K = 2 + 2 + 3 = 7$のカテゴリー）に対する, $I \times Q$の元のデータ表と, $I \times K$の指示行列の例

個体番号	[質問A]	[質問B]	[質問C]		個体番号	a_1	a_2	b_1	b_2	c_1	c_2	c_3	合計 $(=Q)$
1					1								
$\vdots$					$\vdots$								$\vdots$
i	a_1	b_2	c_2		i	1	0	0	1	0	1	0	$3 = Q$
$\vdots$					$\vdots$								$\vdots$
i'	a_2	b_2	c_3		i'	0	1	0	1	0	0	1	$3 = Q$
$\vdots$					$\vdots$								$\vdots$
	n	n	n	$3n = nQ$		n_{a_1}	n_{a_2}	n_{b_1}	n_{b_2}	n_{c_1}	n_{c_2}	n_{c_3}	$3n = nQ$

（上部に Q が[質問A][質問B][質問C]を, K が[質問Aの選択肢][質問Bの選択肢][質問Cの選択肢]をまとめている）

● カテゴリーの雲

　カテゴリーの雲は, K個の点から構成される重み付きの雲である. カテゴリーの雲では, 第kカテゴリーが重みn_kをもつ1つの点（カテゴリー点）として表される. ここではその点をM^kと記す. 各質問について, カテゴリー点の重みを合計すればnとなる. よって, すべてのカテゴリーの集合Kにおける重みの合計はnQである. 点M^kの相対的な重みp_kは, $p_k = n_k/(nQ) = f_k/Q$である. 各質問についてこの相対的な重みの合計は$1/Q$であるので, 質問全体での合計は1となる. つまり,

$$p_k = \frac{n_k}{nQ} = \frac{f_k}{Q}$$

と定義すると，$\displaystyle\sum_{k \in K_q} p_k = 1/Q$ かつ $\displaystyle\sum_{k \in K} p_k = 1$ である.

　カテゴリー k とカテゴリー k' の両方とも選択した個体数を $n_{kk'}$ とすると，2つの点 M^k と $\mathrm{M}^{k'}$ の間の**平方距離**は次式により求められる.

$$\left(\mathrm{M}^k\mathrm{M}^{k'}\right)^2 = \frac{n_k + n_{k'} - 2n_{kk'}}{n_k n_{k'}/n}$$

　この式の分子は，k もしくは k' のいずれかのカテゴリーを選択しているが両方は選択して**いない**個体数である. 分母は，2つの異なる質問 q と q' に対する $K_q \times K_{q'}$ の2元表における (k, k') セルの「期待度数」である.

　注意　かりに k と k' が，同じ質問に属する2つのカテゴリーであるとき，$n_{kk'} = 0$ であるので，$\left(\mathrm{M}^k\mathrm{M}^{k'}\right)^2 = (1/f_k) + (1/f_{k'})$ となる. この平方距離は，2人の個体がそれぞれ異なるカテゴリー（k と k'）を選択したときの平方距離の一部分と等しい（p.50を参照）.

- （個体の雲のときと同じように）カテゴリーの雲における**平均点**を G と記す. **性質**：各質問の 部分雲における平均点は，すべての質問について G である.

- 点 M^k から平均点 G までの**平方距離**は
$$\left(\mathrm{GM}^k\right)^2 = \frac{1}{f_k} - 1$$
である.

- 定義により，**雲全体の分散**は $\sum p_k \left(\mathrm{GM}^k\right)^2$ であり，これを計算すると $(K/Q) - 1$ となる.

カテゴリーの雲は個体の雲と次元数が同じであり，かつ，同じ分散をもつ. その共通の分散（雲全体の分散）を V_{cloud} と記すと，
$$V_{\mathrm{cloud}} = \frac{K}{Q} - 1$$
である.

注釈

1. カテゴリー k と k' は，同じ個体により同時に選択されている選択肢の個数が増えるほど，距離 $\mathrm{M}^k \mathrm{M}^{k'}$ は短くなる．

2. あるカテゴリー k の度数が少なくなるほど，そのカテゴリーの点 M^k は雲の重心である平均点 G から遠ざかる．

3. $\overrightarrow{\mathrm{GM}^k}$ と $\overrightarrow{\mathrm{GM}^{k'}}$ との間の角度の余弦（コサイン）は，4分点相関係数[†12] $\dfrac{f_{kk'}-f_k f_{k'}}{\sqrt{f_k(1-f_k)f_{k'}(1-f_{k'})}}$ に相当する．

- **●寄与率**　雲全体の分散 V_{cloud} に対する**カテゴリー点 M^k の寄与率**を，雲全体の分散に対してカテゴリー k の雲の分散（つまり，$p_k\left(\mathrm{GM}^k\right)^2$）が占める割合と定義する．つまり，カテゴリー k の雲の寄与率（Ctr_k）を

$$\mathrm{Ctr}_k = \frac{p_k\left(\mathrm{GM}^k\right)^2}{V_{\mathrm{cloud}}} = \frac{(1-f_k)/Q}{(K-Q)/Q} = \frac{1-f_k}{K-Q}$$

と定義する．

　この寄与率は，質問ごとに括って足しあげることができる．ある1つの質問の寄与率は，その質問に属するカテゴリーの寄与率の合計である．すなわち，$\mathrm{Ctr}_q = \frac{K_q-1}{K-Q}$ である．すべてのカテゴリーの寄与率の合計（$\sum \mathrm{Ctr}_k$），すなわち，すべての質問の寄与率の合計（$\sum \mathrm{Ctr}_q$）は1になる．

> **カテゴリー k の寄与率** $\mathrm{Ctr}_k = \dfrac{1-f_k}{K-Q}$
>
> **質問 q の寄与率** $\mathrm{Ctr}_q = \dfrac{K_q-1}{K-Q}$

注釈

1. ある1つのカテゴリーの寄与率は，（f_k によって）データに依存する．しかし，ある1つの質問の寄与率は，その質問のカテゴリー数だけに依存する．ある1つの質問のカテゴリー数が多くなるほど，その質問が雲全体の分散に寄与する割合は大きくなる．これは，カテゴリー数が過度に異なる不均衡な質問を組み合わせて使うことは避けたほうがよいという

ことを示している．ある質問のカテゴリー数が他の質問のそれに比べて
極端に異なるような場合は，できるかぎりカテゴリーの併合を行い，カ
テゴリー数をほぼ同じようにそろえた質問として用いるほうがよい．少
なくとも，さまざまな質問を設ける際には，類似した項目からなる質問
群のカテゴリー数の釣り合いをとることが望ましい（第6.2節，p.134を
参照）．かりにすべての質問のカテゴリー数が同数の$\overline{K}$であるならば，
雲全体の分散は$\overline{K}-1$となり，雲全体の分散に対する各質問の寄与率は
どの質問についても等しくなる（$\mathrm{Ctr}_q = 1/Q$）．

2. あるカテゴリーの度数が少なくなるほど，雲全体の分散に対するそのカ
   テゴリーの寄与率は大きくなる．この性質により，度数が少ないカテゴ
   リーほど結果に影響を与える．この性質は，ある意味では望ましい性質
   である．しかし，アクティブな変数においてかなり稀なカテゴリー（た
   とえば，相対度数が5%以下であるようなカテゴリー）は，できるかぎ
   り他のカテゴリーと併合したほうがよい．稀なカテゴリーに対する別の
   解決策としては，**限定多重対応分析**（specific MCA）がある（第3.3節，
   p.81を参照）．

主雲[†13]

● 主軸

第2章で述べた幾何学的方法により，個体の雲およびカテゴリーの雲は**主
軸** $l = 1, 2, \ldots, L$ に表すことができる．主軸は直交しており，また，各主軸
の原点は雲の重心となっている．主軸上の数値の示す符号の方向（正負の向
き）は任意である．主軸 l 上に射影された雲の分散 λ_l を，**第 l 主軸の分散** も
しくは**第 l 固有値**と呼ぶ．

第1主軸は，（直交最小2乗の意味において）雲にもっともよく当てはまる
1次元の直線である．第1主軸に射影された雲の分散はλ_1である．同様に，
第1主軸と第2主軸によって張られる平面は，雲にもっともよく当てはまる
2次元の平面である．この平面に射影された雲の分散は$\lambda_1 + \lambda_2$である．3次
元目以降も同様の性質が成り立つ．

基本的な性質

1. 任意の主軸lについて，個体の雲に対する分散（固有値）と，カテゴリー

の雲に対する分散（固有値）は等しい．また，すべての分散は1以下である[†14]（$\lambda_l \leq 1;\ l = 1, 2, \ldots, L$）．

2. 固有値の和は，雲全体の分散となる（第2.6節，p.43から，とくにp.53を参照）．つまり，$\sum \lambda_l = V_{\text{cloud}} = \frac{K}{Q} - 1$である．

分散率[†15] および修正分散率

主軸lにおける**分散率**を

$$\tau_l = \frac{\lambda_l}{V_{\text{cloud}}} = \frac{\lambda_l}{\frac{K}{Q} - 1}$$

$$\left[\text{主軸}\,l\,\text{の分散率} = \frac{\text{第}\,l\,\text{軸の分散（固有値）}}{\text{雲全体の分散}} \right]$$

と定義する．

固有値の平均は，$\overline{\lambda} = \left(\frac{K}{Q} - 1 \right) /(K - Q) = 1/Q$である．

雲は高次元に分布しているために，多くの場合，第1主軸の分散率はかなり小さい．第1主軸の重要性をよりよく評価する指標として，Benzécri（1992, p.412）は**修正分散率**[†16] を用いることを提案した．

この修正分散率は，$\lambda_l > \overline{\lambda}$である$l = 1, 2, \ldots, l_{\max}$に対して，次のように計算する．

(1) 擬似固有値[†17] を，$\lambda'_l = \left(\frac{Q}{Q-1} \right)^2 \left(\lambda_l - \overline{\lambda} \right)^2$とする．

(2) 擬似固有値の合計$S = \sum_{l=1}^{l_{\max}} \lambda'_l$を求める．

そして，$l \leq l_{\max}$に対する修正分散率を$\tau'_l = \lambda'_l/S$とする．

この修正分散率は，雲が球状の状態（すべての固有値が等しい状態）[†18] からどれくらい離れているかを示す指標と解釈できる．

● 主座標と主変数[†19]

第l主軸における**個体点**M^iの主座標をy_l^iと表す．第l主軸における個体点のこの座標は，*I* 上の**第l主変数**と呼ばれる数値変数を定義する．次に第l主軸における**カテゴリー点**[†20]M^kの主座標をy_l^kと表す．Kに関するカテゴリー点のこの座標は，K上の**第l主変数**と呼ばれる数値変数を定義する．こ

れら2つの主変数は，平均がゼロであり，分散がその固有値に等しい．

$$\sum \frac{1}{n} y_l^i = 0, \quad \sum \frac{1}{n} \left(y_l^i \right)^2 = \lambda_l$$

$$\sum p_k y_l^k = 0, \quad \sum p_k \left(y_l^i \right)^2 = \lambda_l$$

主変数の性質

1. カテゴリー点の平均点は，各質問において，雲全体の重心Gになっている．そのため，K 上の主変数の平均は，各質問において，ゼロである．そのような性質をもつので，主軸上へ射影されたカテゴリー点は，同一の質問においては重心Gの両側に位置する．とくにカテゴリーが2つしかない質問においては，それらの2つのカテゴリー点を結んだ線分上に重心Gがある．

2. 第 l 主軸上における質問 q の分散を v_{ql} と記す．v_{ql} は，質問 q に属する K_q 個のカテゴリー点から計算される，第 l 主軸における分散である．よって次の性質がある：質問 q の分散 v_{ql} の単純平均は，第 l 主軸の分散（固有値）である．

$$v_{ql} = \sum_{k \in K_q} \frac{n_k}{n} \left(y_l^k \right)^2$$

$$\frac{1}{Q} \sum_q v_{ql} = \lambda_l$$

● 寄与率

ある主軸に対するある点の寄与率[21] は，ある主軸の分散（固有値）に対してある点がどれくらい占めているかを表した指標である．点の相対的な重みを p，該当の主軸における座標を y，主軸の分散を λ とした場合，その主軸に対する点の寄与率は $(py^2)/\lambda$ である．この計算式は，個体点でもカテゴリー点でも同じである．ただし，個体点 M^i の場合は，ある主軸に対する寄与率は $\mathrm{Ctr}_i = \left(\frac{1}{n} \left(y^i \right)^2 \right) / \lambda$ である．つまり，ある軸に対する個体点の寄与率は，該当の主軸における，点 M^i から重心Gまでの距離の増加関数である．よって，個体点の座標よりも多くの情報は個体点の寄与率にはない．一方，カテゴリー点 M^k においては，主軸に対する寄与率は $\mathrm{Ctr}_k = \left(\frac{f_k}{Q} \left(y^k \right)^2 \right) / \lambda$ である．つまり，ある主軸に対するカテゴリー点の寄与率は，点 M^k から重心G

までの距離だけではなく，点の重みにも依存する．

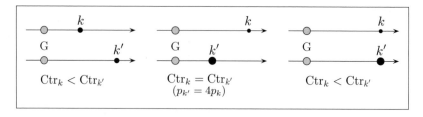

軸に対するカテゴリー点の寄与率（軸を解釈するときに役立つ指標）

　第 l 主軸上の点 M^k の**表現品質**[†22] は，次式により定義される（第2章，p.40 を参照のこと）．

$$\cos^2 \theta_{kl} = \frac{\left(y_l^k\right)^2}{\left(GM^k\right)^2} = \frac{\left(y_l^k\right)^2}{\frac{1}{f_k} - 1}$$

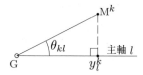

軸 l に対する点 M^k の主座標 y_l^k と表現品質の関係

　表現品質の性質　$\cos \theta_{kl} = y_l^k / \sqrt{1/f_k - 1}$ は，個体空間 I における，カテゴリー k の指示変数と第 l 主変数との相関係数に等しい．

● 多重対応分析における遷移方程式

1. 各主軸において，個体点 M^i の主座標 y^i は，個体 i の回答パターン K_i における Q 個のカテゴリー点の主座標 y^k の平均を $\sqrt{\lambda}$ で割った値に等しい．

$$y^i = \frac{1}{\sqrt{\lambda}} \sum_{k \in K_i} \frac{y^k}{Q} \qquad \text{第1遷移方程式}$$

2. 各主軸において，カテゴリー点 M^k の主座標 y^k は，カテゴリー k を選択している n_k 人の個体点の主座標 y^i の平均を $\sqrt{\lambda}$ で割った値に等しい．

$$y^k = \frac{1}{\sqrt{\lambda}} \sum_{i \in I_k} \frac{y^i}{n_k} \qquad \text{第2遷移方程式}$$

注意 各主軸において，個体点の主座標とカテゴリー点の主座標における符号は任意に決められる．しかし，両者は独立に決められるわけではない．遷移方程式によれば，各主軸において，個体点の主座標の符号が，その軸のカテゴリー点の主座標における符号を決めている（逆もまた同様である）．

第1遷移方程式により，カテゴリーの雲から個体の雲へ遷移することができる．第2遷移方程式により，個体の雲からカテゴリーの雲へ遷移することができる．

遷移方程式の幾何学的な解釈 個体点M^iは，個体iが選択したQ個のカテゴリー点の等重心[*4]を，主軸に沿って伸ばした座標に位置する．同様にカテゴリー点M^kは，カテゴリーkを選択しているn_k個の個体点の等重心を，主軸に沿って伸ばした座標に位置する．遷移方程式に関しては，のちに嗜好データを用いて幾何学的に例示する（pp.66–70）．

遷移方程式の行列による表記 遷移方程式を行列で表した数式については，付録（p.145）に記した．

● 追加要素[†23]

主軸を構成するために用いた個体や質問を，**アクティブ**と呼ぶ．一方，(1)主軸を構成するのには使わなかった個体を**追加個体**と呼び，(2)主軸を構成するのには用いない，つまり，個体間の距離の定義には使われなかったカテゴリーを**追加カテゴリー**と呼ぶ（これをときに「補助的カテゴリー」[†24]ともいう）．

第1遷移方程式によって，アクティブな質問に回答している追加個体の主座標を求め，個体の雲の中にそれらの追加個体を配置することができる．第2遷移方程式によって，アクティブな個体の集団が回答している追加カテゴリーの主座標を求め，カテゴリーの雲の中にそれらの追加カテゴリーを配置

[*4] 原書注：ここで等重心（equibarycenter）とは，**点に対する重みが等しいような点の重心**のことをいう（p.34 を参照）．

することができる.

● カテゴリー平均点

ある1つのカテゴリーに関して，そのカテゴリーを選択している複数の個体から構成される部分雲を考えてみよう．この部分雲の平均点を，**カテゴリー平均点**[25] と呼ぶ．ここでカテゴリー k のカテゴリー平均点を $\overline{\mathrm{M}}^k$ と記す．また，$\overline{\mathrm{M}}^k$ の第 l 主座標を $\overline{y}_l^k$ と記す．このカテゴリー平均点 $\overline{y}_l^k$ は次式により計算される（p.59における第2遷移方程式との違いを確認のこと）．

$$\overline{y}_l^k = \sum_{i \in I_k} y^i / n_k = \sqrt{\lambda_l}\, y_l^k$$

各質問 q は個体全体を K_q 個の群に分割できる．つまり，各質問 q のカテゴリーによって，個体の雲を K_q 個の部分雲に分割できる．この K_q 個に分割された個体の部分雲における平均点を要素とする雲を，質問 q 間雲[26] と呼ぶ（第2.3節，p.30を参照のこと）．質問 q 間雲の平均は，雲全体の平均点 G である．

さまざまな等価性

- $I \times Q$ 表（大きさが n 行 $\times Q$ 列の表）に対する多重対応分析は，$I \times K$（大きさが n 行 $\times K$ 列）の指示行列に対する対応分析と同じである.

- 多重対応分析で得られる主軸は，K 個の指示変数に対して，個体に重み 1 を，第 k 番目の指示変数に重み $Q f_k$ を与えた双方向重み付き主成分分析（biweighted PCA）から得られる主軸に相当する（Le Roux と Rouanet，2004, p.189を参照).

- **2つの質問 A と B を用いた多重対応分析**：$A \times B$ の分割表に対する対応分析の結果は，$I \times Q$ 表に対する多重対応分析からも得ることができる．$A \times B$ の分割表に対する対応分析において，第 l 固有値を λ'_l，点 M^a の第 l 主座標を $y_l'^a$ とすると，次の関係がある.

$$\lambda'_l = 4 \left(\lambda_l - \frac{1}{2} \right)^2 = (2\lambda_l - 1)^2$$

$$y_l'^a = \frac{2\lambda_l - 1}{\sqrt{\lambda_l}}\, y_l^a = \frac{2\lambda_l - 1}{\lambda_l}\, \overline{y}_l^a$$

同様の関係が，点 M^B に対しても成り立つ.

$A \times B$ の分割表に対する対応分析の**分散率**は，$I \times Q$ 表に対する多重対応分析の修正分散率と等しい．

- **すべての質問が2カテゴリーである場合**：すべての回答が2値である場合，それらを0と1にコーディングし，$(0,1)$ からなる $I \times Q$ 表に対して標準的な主成分分析（相関行列に対する主成分分析）を行うことができる．こうして行った主成分分析の固有値は，$I \times Q$ 表に対する多重対応分析の固有値を Q 倍した値である．また，この主成分分析における個体の主座標（つまり，主成分スコア）は，多重対応分析における個体の主座標の $\sqrt{Q}$ 倍となる．

- **バート表**

Q 個の質問から2元表を作成することにしよう．この2元表には，同じ質問の分割表も含むことにする．この2元表を「バート表」と呼ぶ（表3.2，p.63 は，質問数が $Q = 3$ の場合のバート表である）．バート表は，非対角ブロック部分に $Q(Q-1)$ 個の分割表（各分割表は，同じ表が2つ作られる）を並置し，対角ブロック部分に各質問のカテゴリーの度数（周辺度数）を含む Q 個の対角行列を並べた，大きさが $K \times K$ の対称行列である．

バート表の性質

1. いま．バート表の Φ^2（「ファイじじょう」と読む）を Φ^2_{Burt} と表すと，これはバート表内にあるあわせて Q^2 個すべての2元分割表に対応する Φ^{2*5} の単純平均に等しい[†28]．なおここで，$\overline{\Phi}^2$ はバート表の非対角に置かれた $Q(Q-1)$ 個の分割表に対応する Φ^2 の単純平均である．

$$\Phi^2_{\mathrm{Burt}} = \frac{1}{Q}\left(\frac{K}{Q} - 1\right) + \frac{Q-1}{Q}\overline{\Phi}^2$$

2. バート表の対応分析で得られる L 個の各固有値は，$I \times Q$ 表に対する多

---

*5 原著注：2元分割表における Φ^2（古典的な「平均平方関連係数」（mean square contingency coefficient））は，次式で定義されることを思い出そう．

$$\frac{1}{n}\sum \frac{\left(n_{kk'} - \frac{n_k n_{k'}}{n}\right)^2}{\frac{n_k n_{k'}}{n}}$$

なお，この式の和記号は2元分割表のすべてのセル (k, k') について合計することを示す[†27]．

重対応分析，つまり指示行列（$I \times K$ 表）に対する対応分析の固有値の2乗に等しい．そのため，バート表から得られた固有値は，$I \times Q$ 表から得られた固有値よりも，値の減り方が大きい．各 l に関して，次のような関係が成り立つ．

$$\frac{\lambda_l^2}{\lambda_{l+1}^2} \geq \frac{\lambda_l}{\lambda_{l+1}} \text{ および } \frac{\lambda_l^2 - \lambda_{l+1}^2}{\lambda_{l+1}^2} \geq \frac{\lambda_l - \lambda_{l+1}}{\lambda_{l+1}}$$

3. $\lambda_l > \Phi_{\text{Burt}}^2/V_{\text{cloud}} = \sum \lambda_l^2/(\sum \lambda_l)$ となっている第 l 軸においては，バート表に対する対応分析の分散率 $\lambda_l^2/\sum \lambda_l^2$ は，$I \times Q$ 表に対する多重対応分析の分散率 $\lambda_l/\sum \lambda_l$ よりも大きい．

4. バート表の対応分析によって，カテゴリー点を要素とする雲が1つ作られる．バート表の対応分析で得られた雲における，第 k カテゴリーの点 $\overline{\mathrm{M}}^k$ の第 l 主座標は，$I \times Q$ 表に対する多重対応分析で得られた雲における，第 l 主軸の平均点 $\overline{y_l}^k$（p.60で定義されている）である．つまり，バート表から得られた雲は，Q 個の質問 q 間雲を合わせたもの，すなわち，K 個のカテゴリー平均点の雲である．

5. バート表の対応分析における点 $\overline{\mathrm{M}}^k$ の第 l 主軸に対する寄与率 Ctr_k は，$p_k \left(\overline{y_l}^k\right)^2/\lambda_l^2$ である．よって，$\mathrm{Ctr}_k = p_k \left(y_l^k\right)^2/\lambda_l$ であり，$I \times Q$ 表の多重対応分析で得られたカテゴリーの雲の寄与率と等しい．そのため，バート表に対する対応分析に基づいて軸の解釈を行うこともできる．

　注意　バート表は「個体×質問」の表（$I \times Q$ 表）から得られるが，「個体×質問」の表をバート表から作ることはできない．つまりバート表に対する対応分析からは，個体の雲を算出できない．バート表に対する対応分析で個体の雲を算出するには，各個体を指示行列にコーディングし，その指示行列をバート表の追加要素として扱う必要がある．この操作によって得られる主座標は，$I \times Q$ 表の多重対応分析から得られる個体の主座標となる[29]．

3.2　嗜好データに対する多重対応分析

　嗜好データは，**アクティブな変数**（質問）が $Q = 4$ 個，カテゴリーが全部で $K = 8 + 8 + 7 + 6 = 29$ 個，個体数が $n = 1,215$ 人（これら4つの質問すべ

表 3.2 質問数が 3 個（$Q = 3$），7 個のカテゴリー（$K = 2 + 2 + 3 = 7$）の場合のバート表

		質問 A の選択肢		質問 B の選択肢		質問 C の選択肢			合計
		a_1	a_2	b_1	b_2	c_1	c_2	c_3	
質問 A の選択肢	a_1	n_{a_1}	0	$n_{a_1 b_1}$	$n_{a_1 b_2}$	$n_{a_1 c_1}$	$n_{a_1 c_2}$	$n_{a_1 c_3}$	$n_{a_1} Q$
	a_2	0	n_{a_2}	$n_{a_2 b_1}$	$n_{a_2 b_2}$	$n_{a_2 c_1}$	$n_{a_2 c_2}$	$n_{a_2 c_3}$	$n_{a_2} Q$
質問 B の選択肢	b_1	$n_{a_1 b_1}$	$n_{a_2 b_1}$	n_{b_1}	0	$n_{b_1 c_1}$	$n_{b_1 c_2}$	$n_{b_1 c_3}$	$n_{b_1} Q$
	b_2	$n_{a_1 b_2}$	$n_{a_2 b_2}$	0	n_{b_2}	$n_{b_2 c_1}$	$n_{b_2 c_2}$	$n_{b_2 c_3}$	$n_{b_2} Q$
質問 C の選択肢	c_1	$n_{a_1 c_1}$	$n_{a_2 c_1}$	$n_{b_1 c_1}$	$n_{b_2 c_1}$	n_{c_1}	0	0	$n_{c_1} Q$
	c_2	$n_{a_1 c_2}$	$n_{a_2 c_2}$	$n_{b_1 c_2}$	$n_{b_2 c_2}$	0	n_{c_2}	0	$n_{c_2} Q$
	c_3	$n_{a_1 c_3}$	$n_{a_2 c_3}$	$n_{b_1 c_3}$	$n_{b_2 c_3}$	0	0	n_{c_3}	$n_{c_3} Q$
合計		$n_{a_1} Q$	$n_{a_2} Q$	$n_{b_1} Q$	$n_{b_2} Q$	$n_{c_1} Q$	$n_{c_2} Q$	$n_{c_3} Q$	nQ^2

てに回答した回答者数）で構成されている[*6]．この嗜好データの例は，多重対応分析によって現実の大きなデータセット[*7]を分析するのに役立つアイデアを示すことを目的としている（Le Roux et al., 2008 を参照）．

基本的な統計結果

表 3.3 (p.64)は，4 つのアクティブな質問について，回答度数と，雲全体に対する各カテゴリーの寄与率を示している．

4 つの質問を組み合わせると全部で $8 \times 8 \times 7 \times 6 = 2688$ 通りの回答パターンがあるが，実際にデータでみられた回答パターンは 658 通りだけである．この中で，もっとも重複の度数が大きかった回答パターンでは，12 人が同じ回答パターンを示している．これらの結果は，個体数と比べて，回答パターンにはかなりの多様性があることを示している．

[*6] 原書注：この嗜好データは，第 1 著者（Le Roux）のウェブサイトから入手できる[†30]．

[*7] 原書注：このデータの情報源は，ESRC のプロジェクト "Cultural Capital and Social Exclusion: A Critical Investigation." である．このデータは 2003 年〜2004 年に収集された．研究チーム（英国のオープン大学とマンチェスター大学）には，T. Bennett, M. Savage, E. Silva, A. Warde, D. Wright, M.Gayo-Cal が参加した．

多重対応分析の基本的な結果

●雲と主軸の分散

雲全体の分散は，（p.53に挙げた公式 $V_{cloud} = K/Q - 1$ から）$(29/4) - 1 = 6.25$ である．雲全体の分散に対するそれぞれの**質問の寄与率**は，カテゴ

表3.3　嗜好データの例　4つのアクティブな質問，回答度数（4つの質問の各カテゴリーの度数 n_k とその相対度数 $f_k(\%)$），合わせて29個のアクティブなカテゴリーの寄与率（$Ctr_k(\%)$）．太字の文字列は後ろの表や図の中で用いた語句

以下に挙げたさまざまな種類のテレビ番組のうち，あなたが一番好きな番組はどれですか？	個体数（回答者数）n_k	相対度数 f_k (%)	寄与率 Ctr_k (%)
ニュース／時事問題	220	18.1	3.3
コメディ／連続ホームコメディ	152	12.5	3.5
警察もの／探偵物	82	6.7	3.7
自然／歴史ドキュメンタリー	159	13.1	3.5
スポーツ	136	11.2	3.6
映画	117	9.6	3.6
ドラマ	134	11.0	3.6
メロドラマ（昼間の連続ドラマ）	215	17.7	3.3
合計	1215	100.0	28.0
あなたが一番好きな（劇場またはテレビの）映画は？			
アクション／冒険／スリラー	389	32.0	2.7
コメディ	235	19.3	3.2
時代劇/文学作品（翻案）	140	11.5	3.5
ドキュメンタリー	100	8.2	3.7
ホラー	62	5.1	3.8
ミュージカル	87	7.2	3.7
ロマンス	101	8.3	3.7
SF（サイエンス・フィクション）	101	8.3	3.7
合計	1215	100.0	28.0
あなたが一番好きな芸術は？			
パフォーマンス・アート	105	8.6	3.7
風景画	632	52.0	1.9
ルネッサンス美術	55	4.5	3.8
静物画	71	5.8	3.8
肖像画	117	9.6	3.6
現代美術	110	9.1	3.6
印象派	125	10.3	3.6
合計	1215	100.0	28.0
あなたが一番好きな外食先は？			
フィッシュ＆チップス／（店内飲食）レストラン／カフェ／ティーショップ	107	8.8	3.6
パブ／ワインバー／ホテル	281	23.1	3.1
中華料理／タイ料理／**インド料理店**	402	33.1	2.7
イタリア料理店／ピザハウス	228	18.8	3.2
フランス料理店	99	8.1	3.7
伝統的な**ステーキハウス**	98	8.1	3.7
合計	1215	100.0	28.0

リー数に依存する．すなわち，（p.54の公式 $Ctr_q = (K_q - 1) / (K - Q)$ から）$(8 - 1)/(29 - 4) = 28\,(\%)$，以下，28（%），24（%），20（%），...となる．これらの値はほぼ同じ大きさである．

　嗜好データの例において個体やカテゴリーの雲がもつ次元は，たかだか25次元（$K - Q = 25$）である．雲全体の分散は固有値（各主軸における分散）の和になる．したがって，固有値の平均は，$\overline{\lambda} = 1/Q = 0.25$ である．全部で12個の固有値がこの平均よりも大きくなっている（表3.4）．しかし，ここでは最初の3次元だけを解釈することにしよう（3次元だけを選択した理由については，p.70を参照）．

表 3.4　嗜好データの例　各主軸に対する分散（固有値 λ_l），分散率，修正分散率

主軸 l	1	2	3	4	5	6	7	8	9	10	11	12
分散（λ_l）[31]	0.400	0.351	0.325	0.308	0.299	0.288	0.278	0.274	0.268	0.260	0.258	0.251
分散率	0.064	0.056	0.052	0.049	0.048	0.046	0.045	0.044	0.043	0.042	0.041	0.040
修正分散率	0.476	0.215	0.118	0.071	0.050	0.030	0.017	0.012	0.007	0.002	0.001	0.000

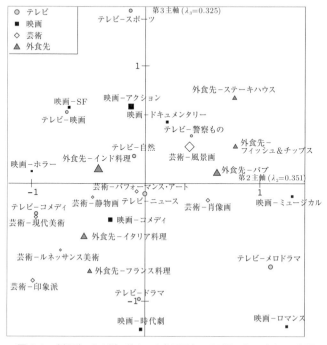

図 3.1　嗜好データの例　第2－3主平面上の29個のカテゴリーの主雲

表 3.5　嗜好データの例　アクティブなカテゴリー：相対的な重み（%）（$p_k = \frac{n_k}{nQ}$），主座標，寄与率（%）．太字は，それぞれの軸を解釈するために使われたカテゴリーの寄与率

	重み	主座標			寄与率 (%)		
テレビ	P_k	第1主軸	第2主軸	第3主軸	第1主軸	第2主軸	第3主軸
テレビ−ニュース	.0453	−0.881	−0.003	−0.087	**8.8**	0.0	0.1
テレビ−コメディ	.0313	+0.788	−0.960	−0.255	**4.9**	**8.2**	0.6
テレビ−警察もの	.0169	+0.192	+0.405	+0.406	0.2	0.8	0.9
テレビ−自然	.0327	−0.775	−0.099	+0.234	**4.9**	0.1	0.6
テレビ−スポーツ	.0280	−0.045	−0.133	+1.469	0.0	0.1	**18.6**
テレビ−映画	.0241	+0.574	−0.694	+0.606	2.0	**3.3**	2.7
テレビ−ドラマ	.0276	−0.496	−0.053	−0.981	1.7	0.0	**8.2**
テレビ−メロドラマ	.0442	+0.870	+1.095	−0.707	**8.4**	**15.1**	**6.8**
映画				合計	30.7	27.7	38.4
アクション	.0800	−0.070	−0.127	+0.654	0.1	0.4	**10.5**
コメディ	.0484	+0.750	−0.306	−0.307	**6.8**	1.3	1.4
時代劇	.0288	−1.328	−0.037	−1.240	**12.7**	0.0	**13.6**
ドキュメンタリー	.0206	−1.022	+0.192	+0.522	**5.4**	0.2	1.7
ホラー	.0128	+1.092	−0.998	+0.103	**3.8**	**3.6**	0.0
ミュージカル	.0179	−0.135	+1.286	−0.109	0.1	**8.4**	0.1
ロマンス	.0208	+1.034	+1.240	−1.215	**5.5**	**9.1**	**9.4**
SF	.0208	−0.208	−0.673	+0.646	0.2	**2.7**	2.7
芸術				合計	34.6	25.7	39.5
パフォーマンス・アート	.0216	+0.088	−0.075	−0.068	0.0	0.0	0.0
風景画	.1300	−0.231	+0.390	+0.313	1.7	**5.6**	**3.9**
ルネッサンス美術	.0113	−1.038	−0.747	−0.566	**3.0**	1.8	1.1
静物画	.0146	+0.573	−0.463	−0.117	1.2	0.9	0.1
肖像画	.0241	+1.020	+0.550	−0.142	**6.3**	2.1	0.1
現代美術	.0226	+0.943	−0.961	−0.285	**5.0**	**5.9**	0.6
印象派	.0257	−0.559	−0.987	−0.824	2.0	**7.1**	**5.4**
外食先				合計	19.3	23.5	11.2
フィッシュ&チップス	.0220	+0.261	+0.788	+0.313	0.4	**3.9**	0.7
パブ	.0578	−0.283	+0.627	+0.087	1.2	**6.5**	0.1
インド料理店	.0827	+0.508	−0.412	+0.119	**5.3**	**4.0**	0.4
イタリア料理店	.0469	−0.021	−0.538	−0.452	0.0	**3.9**	**2.9**
フランス料理店	.0204	−1.270	−0.488	−0.748	**8.2**	1.4	3.5
ステーキハウス	.0202	−0.226	+0.780	−0.726	0.3	**3.5**	**3.3**
				合計	15.3	23.1	10.9

● 主座標と寄与率

　個体数が多いので，表 3.6（p.67）には，表 1.1（p.8）に示した6人の回答者に対する結果だけを示した．

● カテゴリーの主雲と個体の主雲

　第1−2主平面におけるカテゴリーおよび個体の雲は，第1章で示した（カテゴリーの雲はp.9の図 1.2，個体の雲はp.10の図 1.3）．第2−3主平面に関しては，カテゴリーの雲を図 3.1（p.65）に，個体の雲を図 3.2（p.67）に示した．これらの雲には，著しく不規則にみえる個所はない．表 3.5は，カテゴリーに対する結果である[*8]．もっとも寄与率が大きいのは，第3主軸に対す

[*8]　原書注：それぞれの主軸における符号の向きは任意に決められる．よってある軸における主座標の符号は，分析者の都合に応じて，カテゴリーと個体とで**一緒に**変更できる点に注意しよう．

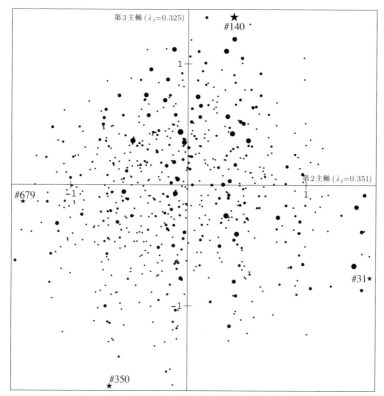

図 3.2 嗜好データの例 第2-3主平面における個体の主雲
星印（★）で特徴的な個体を示した

る「テレビ-スポーツ」の寄与率である（18.6%）．ただし，「時代劇」の寄
与率も 13.6% と近い値になっており，「テレビ-スポーツ」だけが第3主軸
に対して支配的になっているわけではない．

表 3.6 嗜好データの例 表 1.1（p.8）に挙げた 6 個体の最初の 3 主軸に対する主座標と寄与率（%）

	主座標			寄与率（%）		
	第1主軸	第2主軸	第3主軸	第1主軸	第2主軸	第3主軸
1	+0.135	+0.902	+0.432	0.00	0.19	0.05
7	−0.266	−0.064	−0.438	0.01	0.00	0.05
31	+1.258	+1.549	−0.768	0.33	0.56	0.15
235	−1.785	−0.538	−1.158	0.65	0.07	0.34
679	+1.316	−1.405	−0.140	0.36	0.46	0.00
1215	−0.241	+1.037	+0.374	0.01	0.25	0.04

以下では，これら2つの雲（カテゴリーの雲と個体の雲）の間の関係について詳述する．

● カテゴリーの雲から，個体の雲へ

第1遷移方程式（p.58）を適用すると，カテゴリーの主座標から個体の主座標を導出できる．たとえば235番の個体の回答パターンは［「テレビ－ニュース」，「時代劇」，「ルネッサンス美術」，「フランス料理店」］を選んでいるので，その主座標は次のように導出できる．

1. 該当する個体が選択した4つのカテゴリーを示す4つの点の**重心**（図 3.3 の左の図で灰色の星印で示した点）を求める．

2. その重心を，第1主軸の方向に$1/\sqrt{\lambda_1}$だけ，第2主軸の方向に$1/\sqrt{\lambda_2}$だけ**伸ばす**．図 3.3 における右図の黒い星印が，図 1.3（p.10）における 235 番目の個体と 31 番目の個体を示している．

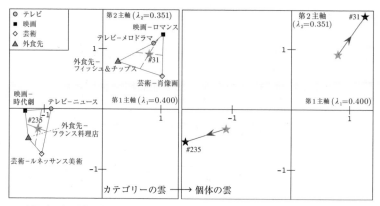

図 3.3 嗜好データの例 第1軸と第2軸の平面：
（235番と31番の個体について）回答パターンから個体点を導出した例（図は，図 1.3 の半分の大きさ[†32]にした）

具体的には，個体点の主座標（表 3.5，p.66）は次のようにして求められる．

1. 選択されたカテゴリーの重心は，第1主軸では$(-0.881 - 1.328 - 1.038 - 1.270)/4 = -1.12925$であり，第2主軸では$(-0.003 - 0.037 - 0.747 -$

0.488)/4 = −0.31875である.

2. 得られた座標を,第1主軸は$\sqrt{\lambda_1}$で割り,第2主軸は$\sqrt{\lambda_2}$で割る.この計算により,235番目の個体の主座標(表3.6, p.67)は,$y_1^i = -1.12925/\sqrt{0.4004} = -1.785$ および $y_2^i = -0.31875/\sqrt{0.3512} = -0.538$ と算出される.

● 個体の雲からカテゴリーの雲へ

第2遷移方程式(p.59)を適用すると,個体の主座標からカテゴリーの主座標を求められる.たとえば,99人の個体が選んだ「フランス料理店」を考えてみよう.この99人の個体(図3.4の左の図に◇印でプロットされている点)で構成される部分雲は,灰色の星印(★)で示した平均点をもつ.この平均点を,第1主軸の方向には$1/\sqrt{\lambda_1}$だけ,第2主軸の方向には$1/\sqrt{\lambda_2}$だけ伸ばすと,図3.4の右の図の黒い星印で示されている点となる.この黒い星印(★)の点が選んだカテゴリー「フランス料理店」の主座標(図1.2, p.9)である.

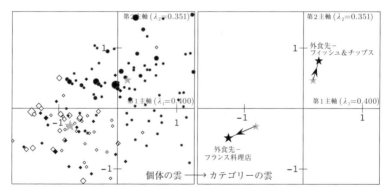

図 3.4 嗜好データの例 「フランス料理店」を選択した個体の雲(◇印)と「フィッシュ&チップス」を選択した個体の雲(黒色の●印).右図は,平均点(灰色の★印)と,それから算出したカテゴリー点(黒色の★印)(図は,図1.3の半分の大きさ,図1.4と同じ大きさにした)

「フランス料理店」を選択した個体で構成される部分雲の平均点は,$(-0.8038, -0.2893)$である.よって,「フランス料理店」の主座標は,$-0.8038/\sqrt{0.4004} = -1.270$ および $-0.2893/\sqrt{0.3512} = -0.488$ となる

（表 3.5，p.66）．

　同様にして，「フィッシュ＆チップス」を選択した 107 人の個体からなる
雲の平均点は，(0.1651, 0.4670) である．この値から「フィッシュ＆チップ
ス」の主座標が算出できる

分析の解釈

● 第何次元までを解釈すべきか？

　解釈すべき次元数（軸の個数）をいくつにすべきかは，固有値の減り具合，
修正分散率の累積和，さらに（軽視してはいけない点として）該当の軸が解
釈できるか否か，によって決まる．

　嗜好データの例では，第 1 固有値は第 2 固有値と比べてかなり大きい．λ_1
と λ_2 を比較したときの減少率は，12% である（$\frac{\lambda_1 - \lambda_2}{\lambda_1} = 0.12$）．一方，$\lambda_2$ と
λ_3 を比較したときの減少率は 7% である．第 4 主軸以降は，規則的に固有値
は減少しており，また，その減り具合は小さい．さらに，修正分散率の累積
和は，第 1 主軸は 0.48，第 2 主軸までは 0.69，第 3 主軸までを加えると 0.81
となる．このことから，これ以降の分析では最初の 3 次元（第 3 主軸）まで
を解釈することにした．

　主軸を解釈するにあたり，第 1 主軸の分散には，2 つの質問，**映画**と**テレ
ビ**に含まれるいくつかのカテゴリーが大きく寄与している（表 3.5，p.66）こ
とに注目した．また，第 2 主軸の分散には，4 つの質問がほぼ同じぐらいの
大きさで寄与している．第 3 主軸においては，**映画**と**テレビ**のいくつかのカ
テゴリーが大きく寄与している．

● 主軸の解釈に関する指針

　各主軸を解釈するにあたり，まず，寄与率の平均（ここでは $100/29 = 3.4$%）
を判断基準[33] として，それを超えているすべてのカテゴリーを取り出した．

　そして，それらの選択されたカテゴリーに関して，該当する各質問に対し
て，座標が正であるカテゴリーの重心と，座標が負であるカテゴリーの重心
との，差の寄与率[34] を求めた．差の寄与率は，該当する質問の寄与率にお
いて，どれだけその差が寄与しているかを表す割合である（計算例について
は，表 3.10，p.76 を参照）．

● 第1主軸の解釈

13個のカテゴリーが判断基準（$\text{Ctr}_k \geq 3.4\%$）を超えている．第1主軸においては，**芸術**を除いたすべての質問において，それらのカテゴリーの主座標は正と負の両方に散らばっている．**芸術**は一方の方向にしかないので，（基準とした3.4%には近いものの）寄与率が3%しかない「ルネッサンス美術」を追加した．**芸術**の質問を除き，該当する質問の寄与率に対してそれぞれの差が占める割合はかなりよい．**テレビ**は26.8/30.7 = 87%，**映画**は96%，**外食先**は84%である（表3.7）．

第1主軸の分散に対して，14個のカテゴリーが占める寄与率は合計すると89%である．つまり，これら14個のカテゴリーが第1主軸の両極をかなりうまく要約している．以上のことから，第1主軸を次のように解釈した[*9]（図3.5）．

表 3.7 嗜好データの例 第1主軸の解釈：14個のカテゴリーについての寄与率（%）を図3.5に従って「左側」または「右側」の欄に記入した．また，該当の質問に対する 差の寄与率も示した

	左側	右側	差の寄与率		左側	右側	差の寄与率
○テレビ（30.7%）				■映画（19.3%）			
テレビーニュース	8.8			時代劇	12.7		
テレビーメロドラマ		8.4	26.8	コメディ		6.8	
テレビー自然	4.9			ロマンス		5.5	33.2
テレビーコメディ		4.9		ドキュメンタリー	5.4		
◇芸術（19.3%）				ホラー		3.8	
肖像画		6.3		▲外食先（15.4%）			
現代美術		5.0	9.3	フランス料理店	8.2		
ルネッサンス美術	3.0			インド料理店		5.3	12.9
			寄与率の合計：43.0（左側）+ 46.0（右側）= 89.0				

- 図の左側には，映画（時代劇とドキュメンタリー），テレビ番組（ニュース，自然），芸術（ルネッサンス美術），外食先（フランス料理店）がある．

- 図の右側には，映画（ロマンス，コメディ，ホラー），テレビ番組（メロドラマ，コメディ），芸術（肖像画，現代美術），外食先（インド料理店）

[*9] 原書注：ここで図3.5とそれに対応する図1.2 (p.9)を比較すると，格段に読みやすさが向上していることが分かるであろう．41の質問と166個のカテゴリーをすべて用いた分析では，ここでの手順を用いることで，より解釈しやすくなるだろう（Le Roux et al., 2008 を参照）．

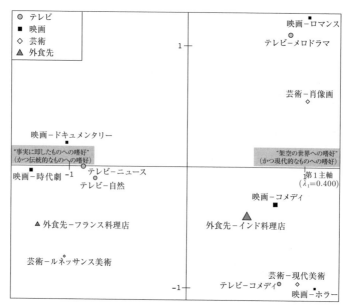

図3.5　嗜好データの例　第1主軸と第2主軸の平面で第1主軸を解釈するために選ばれた14個のカテゴリー

がある.

　以上を**要約すると**，第1主軸においては，一方の極は「事実に即したものへの嗜好」（かつ伝統的なものへの嗜好）があり，もう一方の極は「架空の世界への嗜好」（かつ現代的なものへの嗜好）となっている.

● **第2主軸の解釈**

　13個のカテゴリーが判断基準（$\text{Ctr}_k \geq 3.4\%$）を超えているが，判断基準に近い寄与率（3.3%）の「テレビ−映画」も第2主軸の解釈に用いることにした. **映画**の質問を除き，質問に占める差の割合はかなりよい. その割合は，**テレビ**は$26.3/27.7 = 95\%$，**芸術**は80%，**外食先**は92%，**映画**は54%であった. しかしここで，判断基準には満たないが**映画**に「SF」を追加してみると，差の寄与率は21.7%となって，質問に占める差の割合が84%となった（表3.8）. これら15個のカテゴリーによる，第2主軸に対する寄与率は，約91%になる.

- 図 3.6 の上側には，映画（ロマンス，ミュージカル），テレビ（メロドラマ），芸術（風景画），外食先（パブ，ステーキハウス，フィッシュ＆チップス）がある．

- 図 3.6 の下側には，映画（ホラー，SF），テレビ（コメディ，映画），芸術（印象派と現代芸術），外食先（インド料理店，イタリア料理店）がある．

以上を**要約すると**，第 2 主軸の一方の極は「大衆的なもの」に対する嗜好，もう一方の極は「洗練されたもの」に対する嗜好と言えるだろう．

寄与率に関する注意　カテゴリー点「現代美術」と「風景画」の，第 2 主軸に対する寄与率は同じぐらいの大きさである．「現代美術」は原点よりも遠く離れているが，重みが小さい．一方，「風景画」は原点の近くにあるが，重みが大きくなっている．

表 3.8　嗜好データの例　第 2 主軸の解釈：15 個のカテゴリーについての寄与率（%）を図 3.6 に従って「上側」と「下側」に記入した．また，該当する質問に対する差の寄与率も示した

	上側	下側	差の寄与率		上側	下側	差の寄与率
○**テレビ**（30.7%）				◇**芸術**（23.5%）			
テレビ－メロドラマ	15.1			印象派		7.1	
テレビ－コメディ		8.2	26.3	現代美術		5.9	18.7
テレビ－映画		3.3		風景画	5.6		
■**映画**（19.3%）				▲**外食先**（23.1%）			
ロマンス	9.1			パブ	6.5		
ミュージカル	8.4		21.7	インド料理店		4.0	
ホラー		3.6		イタリア料理店		3.9	21.3
SF		2.7		フィッシュ＆チップス	3.9		
				ステーキハウス	3.5		
寄与率の合計：52.1（上側）＋ 38.7（下側）＝ 90.8							

● 第 3 主軸の解釈

テレビと**映画**という 2 つの質問が，第 3 主軸のもつ分散の 78% を説明しているので，主にこれら 2 つの質問によって第 3 主軸を解釈できるだろう．9 個のカテゴリーが判断基準（$\mathrm{Ctr}_k \geq 3.4\%$）を超えているが，判断基準を超えていない「ステーキハウス」と「イタリア料理店」も考慮に入れた．質問に占める差の割合はかなりよい．**テレビ**では 84%，**映画**では 85%，**芸術**では 76%，**外食先**では 71% である．これら 11 個のカテゴリーが第 3 主軸の分散のうち 86% を説明しているので，これらのカテゴリーは第 3 主軸の両極をよ

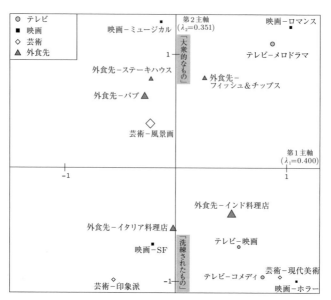

図 3.6　嗜好データの例　第 2 主軸の解釈のために使われた 15 個のカテゴリー
（第 1 − 2 主平面）

く要約している.

- 図 3.7 の上側には，映画（アクション），テレビ（スポーツ番組），芸術（風景画），外食先（ステーキハウス）がある.

- 図 3.7 の下側には，テレビ（時代劇，ドラマ，メロドラマ），映画（ロマンス），芸術（印象派），外食先（フランス料理，イタリア料理）がある.

　以上を**要約すると**，第 3 主軸の一方の極には「硬いもの」（積極的，活発）があり，もう一方の極には「軟らかいもの」（消極的，穏やかさ）がある.

　寄与率に対する注意　第 1 − 2 主平面においては，質問「テレビ」におけるカテゴリー「スポーツ」は，原点近くにあった（図 1.2, p.9）．しかし，第 3 主軸においては，「スポーツ」のカテゴリー点は原点から遠く離れており，また寄与率もかなり大きい．この例は，第 1 − 2 主平面だけで解釈することがいかに無謀であるかを示している.

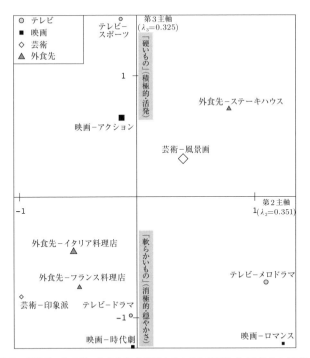

図 3.7　嗜好データの例　第3主軸を解釈するために選ばれた11個のカテゴリー
（第2主軸と第3主軸の平面）

表 3.9　嗜好データの例　第3主軸の解釈：11カテゴリーについての寄与率（%）を図3.7に従って「上側」か「下側」の欄に記載した．また，該当の質問に対する差の寄与率も示した

	上側	下側	差の寄与率		上側	下側	差の寄与率
○**テレビ**（38.4%）				■**映画**（39.5%）			
テレビ−スポーツ	18.6			時代劇		13.6	
テレビ−ドラマ		8.2	32.2	アクション	10.5		33.4
テレビ−メロドラマ		6.8		ロマンス		9.4	
◇**芸術**（11.2%）				▲**外食先**（10.9%）			
印象派		5.4		フランス料理店		3.5	
風景画	3.9		8.5	ステーキハウス	3.3		7.7
				イタリア料理店		2.9	
			寄与率の合計：36.3(上) + 49.9(下) = 86.2				

● **個体の雲を調べ，雲の「意味付けを行う」こと**

前述したように，個体の雲には同質性を否定するような不規則な傾向はとくにない．

第1−2主平面において，雲の形状は三角形となっている（図1.3，p.10）.

75

表 3.10　「ニュース」と「自然」の重心と，「コメディ」と「メロドラマ」の重心との間の差の寄与率，および，質問「テレビ」においてその差が占める割合

カテゴリー		ニュース	自然	コメディ	メロドラマ
	度数	220	159	152	215
	主座標	−0.881	−0.775	+0.788	+0.870

重心		ニュースと自然		コメディとメロドラマ	
	度数	220 + 159 = 379		152 + 215 = 367	
	主座標	−0.837		+0.836	

差	度数	$\widetilde{n}_d = 1/\left(\frac{1}{379} + \frac{1}{367}\right) = 186.452$
		$d = +0.836 - (-0.837) = 1.673$
	差の寄与率	$\frac{186.452}{4 \times 1215}(1.673)^2 / 0.4004 = 0.268$
	質問に占める割合	$\frac{0.268}{0.307} = 87.2(\%)$

「ニュース」と「自然」を合わせた重心の座標：$\frac{(-0.881 \times 220) + (-0.775 \times 159)}{379} = -0.837$

この三角形の各頂点を特徴付けてみよう．そのためには，**典型的な回答パターン**を調べたり，それらの回答パターンを**追加個体**として布置したりするとよいだろう[†35]．

　たとえば，「事実に即したものへの嗜好」の極については，各質問から1つずつ，もっとも左にあるカテゴリー（p.66の表3.5において，符号が負であって，もっとも小さい座標のカテゴリー）を抜き出せばよい．これは，［テレビ（ニュース），映画（時代劇），芸術（ルネッサンス美術），外食先（フランス料理店）］である．そして，この回答パターンに対応した点をプロットすればよい．分析対象としたデータには，この回答パターンをとる個体（回答者）が存在しており，図1.3ですでに示しているように，その個体の番号は235番である．三角形のほかの2つの極に関しても，同じように調べればよい．「大衆的なもの，かつ，架空の世界への嗜好」の極（第1－2主平面における右上側の極）での典型的な回答パターンは，［テレビ（メロドラマ），映画（ロマンス），芸術（肖像画），外食先（フィッシュ＆チップス）］であり，これは31番目の個体に対応している．「洗練されたもの，かつ，架空の世界への嗜好」の極（第1－2主平面における右下側の極）での典型的な回答パターンは，［テレビ（コメディ），映画（ホラー），芸術（現代美術），外食先（インド料理店）］であり，これは679番目の個体に対応している．第3主軸に関しては，「軟らかいもの」の典型的な回答パターンは［テレビ（ドラ

マ），映画（時代劇），芸術（印象派），外食先（フランス料理店）］であり，これは350番目の個体に対応している（図3.2，p.67）．逆の「硬いもの」の典型的な回答パターンは，［テレビ（スポーツ），映画（アクション），芸術（風景画），外食先（ステーキハウス）］であり，これは140番目の個体に対応している．

このように典型的な個体を抜き出して調べることは，個体の雲を解釈するための有用な方法である．しかしこれ以外にも，個体の雲を解釈する方法はある．多くの実際の回答パターンでも，あるいは実在しない架空の回答パターンであっても，特徴的な回答パターンとなった**象徴的な個体**[†36]の点（主座標）の位置を求めることができる．たとえば，Oscar Wilde[†37]が質問票に回答して，［テレビ（メロドラマ），映画（ホラー），芸術（ルネッサンス美術），外食先（パブ）］が好きだと回答したとしよう（元のデータには，この回答パターンで回答した回答者は一人もいない！）[*10]．この場合，Oscar Wildeの主座標は，$(0.254, -0.010, -0.475)$である．

同様の方法で解釈を進めるために，個体の雲の中で，興味があるさまざまな部分雲を調べるのもよいだろう．第1章において，1つの例をすでに示した（図1.4，p.12を参照．また，図3.1，p.65も参照）．個体の雲を深く調べる方法については，第4章と第5章でさらに説明する．

別の個体グループを追加処理すること

嗜好データの例では，基本的な標本のほかに，複数の移民グループに対しても質問紙調査を行っている．追加個体の方法によって，これらの移民グループの個体を，元の全体のデータから求められた雲の中に幾何学的に配置できる．1つの例として，4つの質問に回答した38人からなるインド系移民のグループをプロットした図を図3.8に示した．この移民グループの多くの個体点は，右下の象限に位置している．このグループの平均点（★印）は，$(+0.316, -0.343, +0.090)$である．

[*10] 原書注：この方法を使うと，自分自身の回答パターンから主座標が求められるので，自分の社会空間内での位置が分かる．原書第1筆者（Le Roux）のウェブサイトにある "locate yourself" プログラムで，この方法を試すことができる[†38]．
http://helios.mi.parisdescartes.fr/~lerb/livres/MCA/Locate_en.html ［最終閲覧日］2020年6月30日

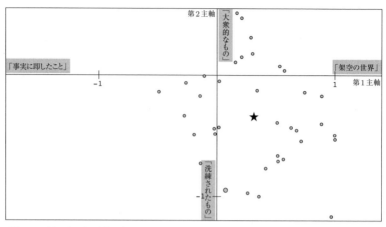

図 3.8　嗜好データの例　第1−2主平面．インド系移民38人の雲とその平均点（★印）

追加変数

　質問票では，**性別**[39]，**年齢**，**年間世帯収入**などの社会的地位に関する項目も尋ねている．年齢は6個のカテゴリーに区分されている．また，収入は，6個のカテゴリー（「9,000ドル未満」から「60,000ドル以上」）と「不明」に区分されている．

　これらの変数を追加変数として用いて，カテゴリーの雲の中に，それらの追加変数のカテゴリーを配置できる．表3.11に，それらの追加変数のカテゴリーに関して，重み（個体数）と，最初の3次元までの主座標を示した．

　大まかな目安として，カテゴリー間の差が0.5より大きければ，その差は「注目すべき差」とみなし，1より大きければ，その差は「大きい」[40]とみなしてよいだろう．

- **性別**　「男性」と「女性」の差が，第1主軸で0.308[41]，第2主軸で0.461，第3主軸で0.910となる．第3主軸において，その差は注目すべき大きさであり，もう少しで「大きい差」と言えるだろう．

- **年齢**　第1主軸および第2主軸において，「年齢区分」のカテゴリー点は年齢順に並んでいる（図3.9, p.80）．つまり，「年齢」は，これら2軸と相関がある．第1主軸において，「18〜24才」カテゴリーと，最後の2つのカテゴリーを併合したカテゴリー（55才以上のグループ）におけ

表 3.11　嗜好データの例　追加変数の質問：性別，年齢区分（6 カテゴリー），年間世帯収入（6 カテゴリー＋「不明」）

	重み (個体数)	性別と年齢区分		
		第 1 主軸	第 2 主軸	第 3 主軸
男性	513	−0.178	−0.266	+0.526
女性	702	+0.130	+0.195	−0.384
18 – 24	93	+0.931	−0.561	+0.025
25 – 34	248	+0.430	−0.322	−0.025
35 – 44	258	+0.141	−0.090	+0.092
45 – 54	191	−0.085	−0.118	−0.082
55 – 64	183	−0.580	+0.171	−0.023
≥ 65	242	−0.443	−0.605	+0.000

	重み (個体数)	年間世帯収入		
		第 1 主軸	第 2 主軸	第 3 主軸
9,000 ドル未満	231	+0.190	+0.272	+0.075
$ 10 – 19,000	251	−0.020	+0.157	−0.004
$ 10 – 19,000	251	−0.020	+0.157	−0.004
$ 20 – 29,000	200	−0.038	−0.076	+0.003
$ 30 – 39,000	122	−0.007	−0.071	−0.128
$ 40 – 59,000	127	+0.017	−0.363	+0.070
60,000 ドル以上	122	−0.142	−0.395	−0.018
不明	162	−0.092	+0.097	−0.050

る差は，$1.433(= 0.931 − (−183 × 0.580 − 242 × 0.443)/(183 + 242))$ であり，非常に大きい．また，第 2 主軸においても，カテゴリー「18〜24 才」と「65 才以上」との差は $1.166(= 0.605 − (−0.561))$ であり，大きな差となっている．

● **収入**　第 2 主軸において，「収入」のカテゴリー点は収入の大きさ順に並んでいる（図 3.9，p.80）．つまり，「収入」は第 2 主軸と相関がある．

注意　「収入」が「不明」である 162 人の個体は，個体の雲として描画するほうがよいだろう（図 3.10，p.80）．

「収入」が「不明」である個体の部分雲に関して，その平均点は雲全体の重心 G に近く，また重心 G の周りにほどよく散らばっている．よって，系統的な偏りがある可能性はないと思ってよいだろう．この例は，データセットを

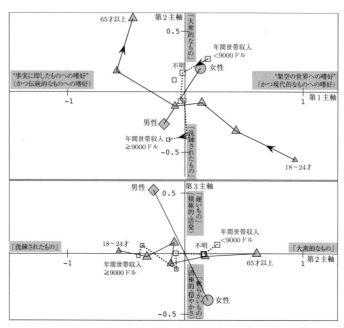

図 3.9　嗜好データの例　追加変数（カテゴリーの雲）

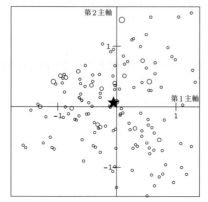

図 3.10　嗜好データの例　「収入」が「不明」である 162 人の個体から構成される部分雲．第 1 ―
2 主平面．星印（★）はその重心（図の大きさは半分にしてある[†42]）

検証するときに多重対応分析が役立つことを示している．

　このように，追加変数によって主軸の解釈を深めることができる．この
例では第 1 主軸は**年齢**に関係している．第 2 主軸は**収入**と**年齢**に関係してい
る．第 3 主軸は**性別**に関係している．

● カテゴリー平均点とバート雲[†43]

　ここで，個体の雲を考えよう．カテゴリー平均点は，p.60で紹介したように，個体の雲によって定義される．カテゴリー平均点については，「フランス料理店」と「フィッシュ＆チップス」を例に挙げて，すでに説明した（図3.4，p.69）．各質問qに対して，K_q個のカテゴリー平均点が存在する（これらK_q個の平均点は，質問q間雲を構成する）．Q個のすべての質問における質問q間雲を描画すると，**K個のカテゴリー平均点からなる雲**が得られる（図3.11，p.82）．この雲を「バート雲」と呼ぶ．このバート雲は，バート表の対応分析から得た主座標と一致する（p.63を参照）．

　バート雲における各主軸の分散は，固有値を2乗したものである．バート雲は，カテゴリーの雲と1対1に対応しており，カテゴリーの雲における主軸を縮めた（もしくは伸ばした）だけである（図1.2，p.9および図3.11，p.82）．嗜好データの例では，$\sqrt{\lambda_1^2/\lambda_2^2} = 1.14 > \sqrt{\lambda_1/\lambda_2} = 1.07$であるので，第1－2主平面でのバート雲は，カテゴリーの雲を第1主軸に沿って少し伸ばしただけである．

3.3　多重対応分析の変形から得られる2つの手法

　本節では，多重対応分析を変形した次の2つの手法を紹介する（本節の説明は，Le RouxとRouanet，2004, pp.203–213の要約である）．

- **限定多重対応分析**[†44]（SpeMCA：Specific MCA）．興味のあるカテゴリーだけに絞って分析する手法である．

- **集団限定多重対応分析**[†45]（CSA：Class Specific Analysis）．これは個体の部分雲に絞って分析する手法である．

限定多重対応分析（SpeMCA）

　限定多重対応分析が適している好例は，**度数の少ない**カテゴリー（たとえば，**度数が5%未満**であるようなカテゴリー）があるようなデータの分析である．すでにみてきたように（pp.54–55の注釈を参照），度数の少ないカテゴリーは，主軸に対する寄与が大きくなり，主軸を決める際に大きな影響を与える．そのような場合，最初に行うべきことは，同じ変数の中のいくつか

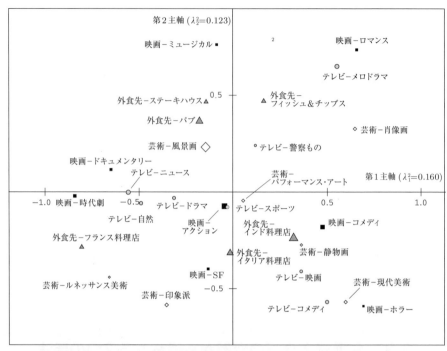

図3.11　嗜好データの例　第1−2主平面内の29個のカテゴリー平均点からなるバート雲. ここで図の縮尺はカテゴリーの雲（図1.2, p.9）と同じとした

のカテゴリーを併合することである. こうした併合処理がうまくできそうもない場合, 多重対応分析の重要な性質[46]を保つために, 従来の多重対応分析を少し変形し, 度数の少ないカテゴリーを個体間距離の計算に含めないという手法を用いるとよい.

　より一般的にいうと, 分析対象のデータセットにおけるアクティブな変数には, 捨て去ってしまいたい意味のない「ガラクタのようなカテゴリー」[47]があるかもしれない. ここで「ガラクタのようなカテゴリー」とは, 異質な存在となるカテゴリー, たとえば質問票の選択肢にある「その他」のようなカテゴリーを意味する. そのようなカテゴリーは, 1つの点だけではうまく**表現できない**. また, 欠測値も, そうした「ガラクタのようなカテゴリー」と言える.

　限定多重対応分析では, アクティブな変数の中に含まれる望ましくないさ

まざまなカテゴリーを**消極的なカテゴリー**[†48] として扱う[*11]. この「消極的なカテゴリー」は，アクティブな変数のアクティブなカテゴリーと対比するものとして扱われる．筆者らの経験では，限定多重対応分析は，通常の多重対応分析よりも精密な分析を行える．

● 限定多重対応分析での個体の雲

（p.50では通常の距離を d と記したのに対し，）2人の個体間における**限定距離**[†49] を d' と記す．もし，質問 q において，それら2人が選んだカテゴリーが両方ともアクティブなカテゴリーであれば，限定距離は通常の距離そのものである．もし，個体 i がアクティブなカテゴリー k を選び，一方で個体 i' が消極的なカテゴリー k' を選んだ場合，質問 q が平方距離に寄与する大きさは $d'^2_q(i, i') = 1/f_k$ である．これは通常の多重対応分析では $(1/f_k) + (1/f_{k'})$ であった[†50]．全体での限定距離は，$d'^2(i, i') = \sum d'_q/Q$ と定義される．限定多重対応分析は，アクティブなカテゴリーだけに限定した部分空間に，個体の雲全体を直交射影する分析である．そのように限定された部分空間に射影された雲を，**限定雲**[†51] と呼ぶ．限定距離には $d'^2(i, i') \leq d^2(i, i')$ という「縮小の性質」[†52] がある．

● 限定多重対応分析でのカテゴリーの雲

限定多重対応分析におけるカテゴリーの雲は，K' 個のアクティブなカテゴリーからなる部分雲である．この部分雲における重み $p_k = f_k/Q$ や距離は，通常の多重対応分析におけるものと同じである．

注意　消極的なカテゴリーの列を除いた指示行列に対して対応分析を適用すればよいのではないかと思うかもしれない．しかし，こうした分析では，多重対応分析がもつ重要な性質が成立しない．たとえば，質問票に A（2カテゴリー），B（2カテゴリー），C（3カテゴリー）という3つの質問があったとする．個体 i の回答パターンは (a_1, b_2, c_2)，個体 i' の回答パターンは (a_2, b_2, c_3) であったとする．そして，c_3 が消極的なカテゴリーであったとする．もし，この消極的なカテゴリーの列を除いた指示行列に対して対応分析を行うと，各個体が選択したアクティブなカテゴリー数が，個体 i では

[*11]　原書注：アクティブな変数における「消極的なカテゴリー」は，追加のカテゴリー（すなわち，追加変数のカテゴリー）とは異なることに注意されたい．

3つであるのに対し，個体i'では2つになる．そのため，この対応分析では，質問Bが距離に寄与する度合いが$(1/3 - 1/2)^2 \neq 0$となる．つまり，質問Bはまったく同じ選択肢を選択した質問であるのに，距離に寄与する大きさがゼロではなくなってしまう！

● **限定多重対応分析の性質**

1. 個体およびカテゴリーの**限定雲の次元数**は多くても$L' = K' - Q'$次元である．ここでQ'は，消極的なカテゴリーが1つもない質問の個数である．個体およびカテゴリーの 限定雲における**分散**はいずれも，

$$V_{\mathrm{spe}} = \frac{K'}{Q} - \sum_{k \in K'} \frac{f_k}{Q}$$

であり，$V_{\mathrm{spe}} \leq V_{\mathrm{cloud}}$となっている．

2. 限定雲の固有値をμ_l $(l = 1, 2, \ldots, L')$と記す．また，$V_{\mathrm{spe}} = \sum_{l=1}^{L'} \mu_l$とする．通常の多重対応分析にならって，修正分散率を次のように求める．まず，固有値の平均を$\overline{\mu} = V_{\mathrm{spe}}/L'$と計算する．次に$\mu_{l_{\max}} \geq \overline{\mu}$かつ$\mu_{l_{\max}+1} < \overline{\mu}$であるような$l_{\max}$を求める．そして，$l = 1, \ldots, l_{\max}$について，修正分散率を$(\mu_l - \overline{\mu})^2 / S$と定義する．ここで，$S = \sum (\mu_l - \overline{\mu})^2$である（ここで和は$l = 1, \ldots, l_{\max}$に対して行う）．

3. **遷移方程式**　主軸lに関して，個体点M^iの主座標を$y_l'^i$，（相対的な重みが$p_k = f_k/Q$の）カテゴリー点M^kの主座標を$y_l'^k$とする．遷移方程式として，次の2つの式が成立する．

$$y_l'^i = \frac{1}{\sqrt{\mu_l}} \left(\sum_{k \in K_i'} y_l'^k / Q - \sum_{k \in K'} p_k y_l'^k \right)$$

$$y_l'^k = \frac{1}{\sqrt{\mu_l}} \sum_{k \in I_k} y_l'^i / n_k$$

ここでK_i'は，アクティブなカテゴリーのうち，個体iが選択した部分集合である．

これらの遷移方程式は，アクティブなカテゴリー，消極的なカテゴリー，追加カテゴリー，そして，アクティブな個体と追加個体に適用できる．

4. 限定多重対応分析では，個体I上の各主変数は平均がゼロであり，また

その分散は固有値である.

5. 主軸 l に関して，アクティブなカテゴリーの主座標の2乗を加算した**加重和**は固有値に等しい．すなわち，$\displaystyle\sum_{k \in K'} p_k \left(y_l'^k\right)^2 = \mu_l$ である．

● 限定多重対応分析の手順

　データ表を準備する手順（p.12の手順1と3）において，アクティブな変数から消極的なカテゴリーを選択することを除いては，通常の多重対応分析と計算手順は同じである．また，個体の雲を構成するときには，一般的な規則として，数多くの消極的なカテゴリーを選択している個体（たとえば，アクティブな質問のうちの1/5で消極的なカテゴリーを選択している個体）は分析から除いたほうがよい．

　例：第6章（p.127）で，実際の調査研究において限定多重対応分析を適用した例を示す．

集団限定多重対応分析（CSA）

　多重対応分析の変形である集団限定多重対応分析は，アクティブな個体の集団全体を基準とし，ある特定の部分集団[†53]に限定して，その部分集団に特有の性質を調べる方法である．集団限定多重対応分析では，一部の個体からなる部分雲の主軸を求める．

　● **この節だけで用いる特別な記法**　全個体の集合 I に関して，N を全個体数，N_k を個体全体 I の中でカテゴリー k を選択した個体数，$F_k = N_k/N$ をその相対度数とする．I' を部分集団に含まれる個体を示すものとし，n を I' の個体数，n_k を個体 I' の中でカテゴリー k を選択した個体数，$f_k = n_k/n$ をその相対度数とする．また，$n_{kk'}$ を，カテゴリー k と k' の両方ともを選択した個体数とする．

集団限定多重対応分析での個体の雲

　部分集団 I' に属する個体 i と i' との間の距離は，雲全体から定義される．より正確に説明すると，質問 q において，個体 i がカテゴリー k を，個体 i' がカテゴリー k' を選択している場合，（この節での記号を用いると）

$d^2(i, i') = (1/F_k) + (1/F_{k'})$ である．しかし，ここでかりに $I' \times Q$ の表から距離を計算した場合は $(1/f_k) + (1/f_{k'})$ となる．

注意　当該対象としている部分集団 I' における相対度数 (f_k) が，集団全体 I における相対度数 (F_k) と異なるほど，集団限定多重対応分析の結果は，部分集団である $I' \times Q$ の表に対する多重対応分析の結果とは異なったものとなる．

● 集団限定多重対応分析でのカテゴリーの雲

集団限定多重対応分析における2つのカテゴリー k, k' 間の距離は次式により定義される．

$$d'^2(k, k') = \frac{f_k(1 - f_k)}{F_k^2} + \frac{f_{k'}(1 - f_{k'})}{F_{k'}^2} - 2\,\frac{f_{kk'} - f_k f_{k'}}{F_k F_{k'}}$$

また，カテゴリー点 M^k から部分集団の雲（限定雲）の平均点までの平方距離は，$f_k(1 - f_k)/F_k^2$ である．こうして得られたカテゴリーの限定雲は重み付きの雲であり，カテゴリー点 M^k の重みは（雲全体に対する通常の多重対応分析と同じように）$p_k = F_k/Q$ である．

● 集団限定多重対応分析の性質

1. 集団限定多重対応分析における**限定雲の分散**は，個体の雲およびカテゴリーの雲のいずれも，

$$V_{\mathrm{spe}} = \frac{1}{Q} \sum_{k \in K} \frac{f_k(1 - f_k)}{F_k}$$

である．また，この限定雲の分散に対するカテゴリー点 M^k の寄与率は，

$$\mathrm{Ctr}_k = \frac{\frac{1}{Q}\frac{f_k(1 - f_k)}{F_k}}{V_{\mathrm{spe}}}$$

である．

2. **遷移方程式**

主軸 l に関して，個体点 M^i の主座標を $y_l'^i$，カテゴリー点 M^k の主座標を $y_l'^k$，限定雲の固有値を μ_l とした場合，次の遷移方程式が成り立つ．

$$y_l'^i = \frac{1}{\sqrt{\mu_l}} \left(\sum_{k \in K_i} \frac{y_l'^k}{Q} - \sum_{k \in K} \frac{f_k}{Q} y_l'^k \right)$$

$$y_l'^k = \frac{1}{\sqrt{\mu_l}} \sum_{k \in I_k'} \frac{y_l'^i}{nF_k}$$

ここで個体 I_k' は，個体 I' の中でカテゴリー k を選択した個体の集合である．

3.　個体の部分集団 I' 上の各主変数の平均はゼロであり，その分散は限定雲で得られた固有値（μ_l）に等しい．

4.　カテゴリー全体の集合 K 上における各主変数の加重平均は，$p_k = F_k/Q$ を加重として算出され，それはゼロとなる．また，加重分散は固有値（μ_l）に等しい．

　集団限定多重対応分析の**計算手順**は，通常の多重対応分析の計算手順（p.12 を参照）と同じである．軸に対する解釈も同じように行える．

● 嗜好データの例

　ここでは，年齢区分が「55〜64才」のグループ（183人）に対する集団限定多重対応分析の例を簡単に紹介する．このグループは，99人の女性と84人の男性で構成されている．このグループでは，いくつかのアクティブなカテゴリーにおいて，相対度数が高くなっている．たとえば，1,215人全体では「テレビ−ニュース」の相対度数は0.18[†54]であるが，このグループでは0.30となっている．また，「映画の時代劇」（0.12に対して0.23）や，「テレビ−自然」（0.13に対して0.22），さらに「フランス料理店」（0.08に対して0.15）においても相対度数が大きくなっている．

　この部分集団に対する集団限定多重対応分析の分散（限定雲の分散）は，5.745である．また，固有値は，大きいほうから0.5913, 0.4946, 0.4351, 0.3710, 0.3495, ... となっている．修正分散率の累積和は，0.45, 0.69, 0.83, ... となる．

　表3.12に，4つの質問について，限定雲の分散全体に対する寄与率と，はじめの2つの主軸に対する寄与率を示した．

　限定雲の分散全体に対する4つの質問の寄与率は同程度の大きさだが，第2主軸に関しては「テレビ」の寄与率が大きい（61%）ことに注意しよう．ここではまずこの部分集団をもっとも特徴付ける第1主軸を解釈し，続いて第

2主軸も解釈する.

表 3.12　限定雲の分散全体および第1主軸，第2主軸に対する4つの質問の寄与率

	テレビ	映画	芸術	外食先
全体	27.9	29.1	19.2	23.7
第1主軸	13.7	45.3	12.0	29.0
第2主軸	60.9	29.2	3.8	6.0

　図3.12に，集団限定多重対応分析で得た第1主軸を解釈するために用いた10個のカテゴリーを示した．これら10個のカテゴリーの寄与率を合計すると91%になる．この第1主軸は，全個体に対する通常の多重対応分析における第3主軸のように，「硬いもの」対「軟らかいもの」を示している[55]．個体の部分集団 I' に対する集団限定多重対応分析における第1主変数と，全個体に対する通常の多重対応分析で得た結果のうちの個体 I' に限定した第3主変数との相関係数は0.82であった.

　集団限定多重対応分析で得た第2主軸は，「テレビ」番組によって構成されている（主軸の分散の61%がテレビ番組で説明される）．「テレビ−自然」（図3.12の上側）を選択した41人の個体[56]と，それ以外の「テレビ」番組（とくに「テレビ−ニュース」）を選択した個体（図3.12の下側）との間には，明確な差がみられる.

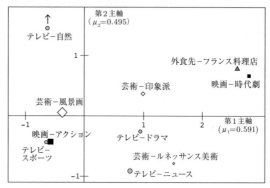

図 3.12　嗜好データの例　第1主軸の解釈に用いた第1−2主平面にある10個のカテゴリーの雲．グラフの大きさは半分にしてある（「テレビ−自然」の座標は2.75となってこのグラフ内に収まらないので矢印を用いて示した）

　図3.13は，集団限定多重対応分析で得られた，183人の個体で構成される

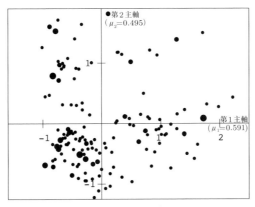

図 3.13　183人の個体（55〜64才のグループ）の第1−2主平面における雲

部分雲である.

　個体の部分集団 I' の集団限定多重対応分析で得られた部分雲を全体の雲と比べるために，全個体に対する通常の多重対応分析で得られた最初の3次元（第3主軸）までの主変数と，集団限定多重対応分析で得られた主変数との重相関係数 R を，個体 I' に限って計算した. 第1主軸とは $R = 0.93$，第2主軸とは $R = 0.40$，第3主軸とは $R = 0.23$ であった.

　なおここで，部分雲をさらに解釈するために，**構造化因子である「性別」**を分析し，99人の女性からなる部分雲と，84人の男性からなる部分雲とを比較した.

　2つの部分雲の平均点は，それぞれ −0.2897（男性）と −0.2458（女性）である. 固有値で調整した性別間の差は $(0.2458 + 0.2897)/\sqrt{0.5913} = 0.70$ であるので，男女間には注目すべき違いがある. よって，第1主軸は**性別**に関係しているといえる.

　結論　「55〜64才のグループ」は，まず第1主軸によって特徴付けられる. この第1主軸は，全個体に対する通常の多重対応分析の第3主軸に対応している. また，この第1主軸は「性別」に関係している.

第3章の訳注

†1 原文は "Individual × Questions table" であるが，これを "「個体×質問」の表" とした．調査票の質問を「変数」と読み替えるとすでに何度も用いた「個体×変数」となり，実質的には同じ意味である．

†2 第1章，訳注12（p.18）を参照．

†3 原文では "...to be in standard table" とあり，これを「標準形式である」とした．

†4 ここの原文は "preliminary phase of *coding*" つまり「コーディングの準備段階」といったことだが，これを「事前のコーディング」とした．p.13 では「事前のコーディング」（preliminary *coding*）とある．

†5 ここで原文は "Denoting I the set of n individuals and Q the set of questions, the data table analyzed by MCA is an $I \times Q$ table,..." とある．"set" を「集合」とし，また「データ表は $I \times Q$（n 行 × Q 列）の表」と補足した．このあとの説明にあるように I は n 人の個体要素からなる集合であり，Q は Q 個の質問からなる集合と考えている（集合としての表記と個体数や質問数それ自体を表す場合とが混在している）．たとえば，表 3.1（p.52）をみるとこの関係が分かる．

†6 原文で "agreement question" と "disagreement question" とあるが，これらをそれぞれ「回答が一致」「回答が不一致」とした．

†7 I だけではなく，たとえば，Q は質問数を表すと同時に，質問の集合も意味する，という意味である．

†8 原文は "response pattern" であるが，これを「回答パターン」とした．第1章の表 1.1 を参照（p.8）．用語集も参照のこと．

†9 多重対応分析を用いるとき，モデル構築上の制約から，原則として1つの質問に用意した複数の選択肢から1つだけを選ぶこと（単一選択）を想定している．しかし，回答者は質問の指示のとおりに回答してくれないことがある．たとえば質問紙を用いた郵送調査の場合，質問文の作り方が不適切であると，回答者に1つの質問に対して1つ選択肢のみを選ぶと指示しても，複数の選択肢を選ぶといったことが生じることがある．

†10 原文は "disjunctive table" であるが，これを「指示行列」と訳した．たとえば，大隅昇，L. ルバール他（1998, pp.321–322），Greenacre（2007, pp.137–138）では，これを "indicator matrix"（指示行列，インジケータ行列）としている．"disjunctive" は直訳すると論理学での「排他的選言」である．またフランス語で "forme disjonctive complète" という．英語では "complete disjunctive form"，日本語で「完備排反型行列」ということがある．

†11 指示行列（インジケータ行列）と後ろに出てくるバート表の関係について，用語集に説明がある．

†12 原文は "tetrachoric-point correlation" とあるが，これに「4分点相関係数」の訳を当てた．これを（2 × 2分割表の）「Φ係数」ともいう．用語集も参照のこと．

†13 原文は "principal cloud" で，これに「主雲（しゅうん）」という訳語を当てた．主雲については第2章の p.37 を参照．

†14 これの証明は，たとえば，Volle, M.（1985, p.144），Jambu, M.（1989, p.211）などにある．

†15 ここでいう「分散率」を，主成分分析では「寄与率」と呼ぶことがある．第2章の p.39 を参照．

†16 原文の "modified rates" を「修正分散率」とした．なお，Benzécri（1992）の修正分散率は，過度に寄与を見積もるとして，Greenacre（2007, pp.208–209）では別の修正分散率が提案さ

れている.

†17 原文の "pseudo-eigenvalue" を「擬似固有値」とした.

†18 第 2 章の p.43,「固有値に関する注意点」を参照.

†19 ここで, "principal coordinate" に「主座標」, "principal variable" に「主変数」の訳を当てた. 第 2 章 p.47 の訳注 40 を参照.

†20 原文の "category point" を「カテゴリー点」とした.

†21 これを「絶対寄与度」(absolute contribution) と呼ぶことがある.

†22 第 2 章で示したが, 原文の "quality of representation" を直訳し「表現品質」とした (p.47). 文献によっては, 表現品質を「平方相関」「相対寄与度」と呼ぶことがある. 用語集も参照.

†23 「追加要素」については, すでに第 1 章の p.11 でも触れた. 用語集も参照.

†24 原文の "illustrative category" に「補助的カテゴリー」の訳を当てた.

†25 ここで "category mean point" を「カテゴリー平均点」とした.

†26 ここの原文は "between-q cloud" で, これに「質問 q 間雲」の訳を当てた.

†27 2 元分割表から得られるピアソンのカイ二乗統計量を χ^2 とすると $\Phi^2 = \chi^2/n$ である. また, この Φ^2 は, 2 元分割表に対する対応分析で得られる各主軸の分散 (固有値 λ) をすべての次元について加えた和に一致する.

†28 Greenacre (2007). *Correspondence Analysis in Practice*, (second edition), Chapman & Hall/CRC, p.149 を参照. なお, Φ^2_{Burt} の誘導については用語集も参照.

†29 たとえば, 表 3.2 (p.63) にある大きさが $K \times K$ のバート表に対応分析を適用し, これに表 3.1 にある大きさが $I \times K$ の指示行列の各行を追加要素として扱うと, 元の $I \times Q$ 表の行要素である個体の主座標が得られる, ということ. 用語集も参照.

†30 次の URL にアクセスし "The Excel file of the "Taste Example" data set." からダウンロードできる.
http://helios.mi.parisdescartes.fr/~lerb/livres/MCA/Software.html ［最終閲覧日］2020 年 6 月 30 日

†31 ここの分散 (固有値 λ_l) の表示桁数は小数点以下 3 桁であるが, はじめの 4 個の固有値について, 小数点以下を 4 桁まで記すと, $\lambda_1 = 0.4004$, $\lambda_2 = 0.3512$, $\lambda_3 = 0.3250$, $\lambda_4 = 0.3081$ となる. 本文では, この小数点以下を 4 桁として説明している箇所がある. たとえば pp.69–70 の主座標を求める説明では《235 番目の個体の主座標…$y_1^i = -1.12925/\sqrt{0.4004} = -1.785$ および $y_2^i = -0.31875/\sqrt{0.3512} = 0.538$ と算出…》《「フランス料理店」の主座標は, $-0.8038/\sqrt{0.4004} = -1.270$ および $-0.2893/\sqrt{0.3512} = -0.488$ となる》のように, $\lambda_1 = 0.4004$, $\lambda_2 = 0.3512$ として用いている. 他にも同様の表記とした箇所がある.

†32 ここで「半分 (half scale) にした」とは, 図 3.2 の図を, 縦横比を変えずに半分に (つまり 1/4 の大きさに) 縮めたということ. 図 3.4 も同じように縮めてある. 第 1 章, p.20 の訳注 50 も参照.

†33 原文の "baseline criterion" および "criterion" に「判断基準」の訳を当てた.

†34 原文の "the contribution of the deviation" を「差の寄与率」とした.

†35 p.77 にある原書注も参照のこと.

†36 ここで "landmark individual" に「象徴的な個体」の訳を当てた.

†37 ここは単なる仮想の例．Oscar Wilde（オスカー・ワイルド）はアイルランド出身の詩人，小説家，劇作家（1854–1900）．

†38 個体のとる回答パターンを追加処理してその主座標を求めるということ．

†39 原文では "gender" とあるが，これを「性別」と訳した．通常，調査票を作成する場合，回答者の人口統計学的変数（項目）として，たとえば，年齢，性別，婚姻状況，雇用形態，社会経済的要件（学歴，所得，職業），居住地域などを共通項目として用意する．最近は，個人情報保護やプライバシー権利保障などの観点から，こうした項目（とくに社会経済的要件）の情報取得が制限されているので，限られた項目だけを用いることもある．こうした場面で，男女を区別する属性項目の1つとして「性別」（gender, sex）を用意し，選択肢（二項選択）として「男性」（man, male），「女性」（woman, female）を設ける．なお，「ジェンダー」と記した場合，「歴史的，社会的，文化的な性の差異，性差」を意味することがある．最近は，社会科学分野などの調査によっては，この「ジェンダー」を意図的に用いることがある．こういう場合，選択肢を設けない，あるいは選択肢を（男性，女性の）2つと限定せずに多項選択とすることもある．

†40 ここの原文は《As a rule of thumb, a deviation between categories greater than 0.5 will be deemed to be "notable"; a deviation greater than 1, definitely "large."》とある．「大まかな目安」（rule of thumb）として追加処理によって得た主座標間の「差」に注目しこれが0.5を超えると「注目すべき差」（notable）とし，さらに1.0を超えると「大きい」（large）と判断するということ．

†41 表3.11の第1主軸の「男性」と「女性」の主座標から $-0.178 - 0.130 = -0.308$ となるので「差」に注目し0.308となる．同じく，$-0.266 - 0.195 = -0.461$ から0.461，$0.526 - (-0.384) = 0.910$ となる．

†42 ここで「図の大きさは半分」とは，p.10の図1.3の縦横比を保持したまま半分に縮尺したということ．第1章，p.20の訳注47も参照．

†43 原書の小見出し "Category mean points and Burt cloud" を「カテゴリー平均点とバート雲」とした．カテゴリー平均点の座標が，バート表の対応分析で得られる主座標と同じことを示唆している．後述の図3.11を参照．

†44 原文の "specific MCA" に「限定多重対応分析」の訳語を当てた．

†45 原文の "Class Specific MCA" に「集団限定多重対応分析」の訳語を当てた．

†46 原文は "constitutive property" で，これに「重要な性質」の訳を当てた．

†47 原文は "junk category" で，これに「ガラクタのようなカテゴリー」の訳を当てた．調査において「その他」「不明」「分からない」などの選択肢があり，そのまま通常の多重対応分析で分析すると，それらの実質的ではない選択肢の分布によって，結果が大きく影響する場合がある．

†48 原文の "passive category" を「消極的なカテゴリー」とした．

†49 原文の "specific distance" に「限定距離」の訳を当てた．

†50 p.50を参照．

†51 原文の "specific cloud" に「限定雲」の訳を当てた．用語集も参照．

†52 ここで原文の "contracting property" に「縮小の性質」の訳を当てた．

†53 語句 "class (subset)" を含む原文は《This variant of MCA is used to study a class (subset) of individuals with reference to the whole set of (active) individuals, that is, to determine the specific features of the class.》とあり，これに「部分集団」の訳を当てた．

†54 表 3.3（p.64）で，「テレビ－ニュース」に対する相対度数（％）は 18.1（％）と表記の数値のこと．同じように，「映画－時代劇」の 0.12 は 11.5（％），「テレビ－自然」の 0.13 は 13.1（％），「フランス料理店」の 0.08 は 8.1（％）と，それぞれ対応する．

†55 これについては p.74 にある説明を参照のこと．

†56 この 41 人は，図 3.13 の上方に分布する個体点の雲にほぼ対応していると読める．

第**4**章　構造化データ解析

　幾何学的データ解析では，「個体×変数」のデータ表[†1]において何らかの「構造」を示す変数は，幾何学的な空間を求める際には意図的に使わない．たとえば，生活様式における性別の役割を調べるのに，**性別を使わないほうがよい**ことは明らかであろう．2組の変数のうち，個体間の距離の定義には用いないほうの変数の組を，**構造化因子**[*1]と呼ぶ．そして，変数のうちのいくつかが構造化因子であるデータ表を**構造化データ**[†2]と呼ぶ．構造化データに対する分析は，例外を見いだすための分析ではなく，むしろ何らかの規則を見いだすための分析である．構造化データに対する分析は幾何学的データ解析において中心的な役割を果たす．

　伝統的な統計学においても，分散分析（および，それを拡張した多変量分散分析）や回帰分析などのいくつかの手法で構造化因子を扱ってきた．こうした手法を幾何学的データ解析に取り入れて統合化することを**構造化データ解析**と呼ぼう．

● 第4章の構成

　まず追加変数に対比させて構造化因子を説明し（第4.1節），実験データと観察データの違いを解説する（第4.2節）．そして集中楕円[†3]を紹介する（第4.3節）．最後に，嗜好データを例にして構造化データ解析を解説し，**性別と年齢**の組み合わせについて詳しく調べる（第4.4節）．

4.1　追加変数から構造化因子へ

　実は，構造化データを扱う幾何学的データ解析の手法については，すでに紹介した．それは**追加変数**を用いた分析である．追加変数を用いた分析については，すでに第3章で説明した（第3.2節，p.62）．幾何学的データ解析

[*1]　原書注：主成分分析の主成分，因子分析の因子，多重対応分析の主変数を，「因子」と呼ぶことがあるが，ここでいう「構造化因子（structuring factor）」における「因子」とは無関係である．

の利用者はすでにこの手法を幅広く利用している．たとえば，Bourdieuは
『ディスタンクシオン』（1979）において，生活様式における違いを説明する
ために，年齢，父親の職業，教育水準，収入を追加変数として用いた．

　筆者らの見解では，追加変数を用いた分析は構造化データ解析の第1段階
である．追加変数を用いた分析には明らかに欠点がある．追加変数を用いた
分析では，1つの追加カテゴリーは，1つの点（個体で構成された部分雲の
平均点1つ）としてしか描かれず（これは多重対応分析の基本的な性質であ
る），個体の部分雲におけるばらつきは考慮されない．この欠点を補うため，
『ディスタンクシオン』においてBourdieuは，各社会階級—Bourdieuは社会
階級を「もっとも強力な説明因子」と呼んだ—を個体空間において領域[4]と
して描いた．構造化データ分析の考え方の多くは，このBourdieuの使い方
にみられる（Rouanet et al., 2000）．筆者らの最近の研究では，構造化因子
によって定義付けられた部分雲を集中楕円で表している[*2]．

4.2　実験データから観察データへ

　実験計画においては，実験者が制御できる**実験因子**と，その結果である**従
属変数**は明確に区別できる．なお，この実験因子を独立変数ともいう．**要因
実験計画**では，枝分かれ効果や交互作用効果などの因子間の関係が考慮され
る．主効果，効果間効果，効果内効果，交互作用効果などの**要因の効果**を調
べることが，統計分析の目的である[5]．

　観察データの多重対応分析では，主雲[6]を従属変数とみなすことができ
る．また，構造化因子間の関係も同じように説明し調べることができる．し
かし，2つの留意点がある．（1）構造化因子を実験のときのように制御でき
ないので，多くの場合，効果の考えは隠喩的なものでしかない．（2）実験計
画では多くの場合，因子どうしが独立になるよう，釣り合いをとって因子を
設定するが，観察研究においては構造化因子には多かれ少なかれ**相関があ
る**．そのため，因子のさまざまな効果を細かく定義する必要がある．

　個体の雲を分割した場合，分割された部分雲の平均点は，そのカテゴリー

[*2]　原書注：たとえば，Chiche, Le Roux, Perrineau, Rouanet（2000）によるフランスの政治空間に関する調
査では，さまざまな有権者に対して集中楕円を描いた．

平均点によって特徴付けられる．そして，そのカテゴリー平均点の分散を，その分割における**群間分散**と呼ぶ．一方，1つ1つの部分雲内における分散の加重平均を**群内分散**と呼ぶ．雲全体の分散は，群間分散と群内分散に分解できる（第2.3節，p.30）．

　いくつかの構造化因子と主雲が与えられたとき，各主雲のさまざまな効果の分散を計算で求めて，**分散の分解**[17]を行える．

4.3　集中楕円

　集中楕円によって主平面上の部分雲を幾何学的に要約できる（集中楕円については，Cramér，1946，p.283を参照）．ある部分雲の集中楕円とは，楕円内に点が一様に分布しているときの分散が，元の部分雲の分散と等しくなるような慣性楕円[18]のことである．この定義に従うと，集中楕円は，長さが$(2\gamma_1, 2\gamma_2)$である線分を主軸とする楕円となる．そして，部分雲に対する集中楕円の場合，$(\gamma_1)^2$および$(\gamma_2)^2$は，部分雲の2つの主軸に対する固有値である．かりに部分雲が正規分布に従っている場合は，部分雲の点のうち86.47%が集中楕円内に含まれることになる．

　射的データの例　以下では，第2.2節（p.26）で示した10個の雲全体のうち，部分雲Cを取り上げて，集中楕円の考え方を紹介する．

　10個の点からなる雲全体から求められた主座標平面（表2.3，p.42）で，7つの点から構成される部分雲の平均点は$m_1 = +3.8333$，$m_2 = -1.2778$である．また，分散および共分散はそれぞれ，$v_1 = 25.30612$，$v_2 = 21.22449$および$c = +7.75510$である．p.44の公式を適用すると，固有値は$\frac{46.5306}{2} \pm \frac{1}{2}\sqrt{(4.0816)^2 + 4 \times (7.75510)^2}$なので$(\gamma_1)^2 = 31.2844 = (5.5932)^2$および$(\gamma_2)^2 = (3.9046)^2$であり，また，$\tan\alpha_1 = ((\gamma_1)^2 - v_1)/c = (31.2844 - 25.30612)/7.75510 = 0.7709$となる．よって，部分雲$C$の集中楕円は，2つの主軸（半長軸，半短軸）のそれぞれの長さが$2\gamma_1 = 11.19$と$2\gamma_2 = 7.81$であり，横軸に対する楕円長軸（第1主軸）の角度は$\alpha_1 = 37.63°$となる（図4.1）．

　慣性楕円　ある雲に対する複数の異なる慣性楕円は，いずれもその雲の平均点の位置に中心があり，それらは互いに相似である[19]．あらゆる正規直交基底において，定数κ（「カッパ」と読む）の慣性楕円は次式を満たす．

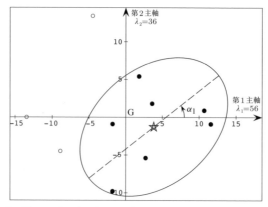

図 4.1　射的データの例　10個の点からなる雲全体から求めた主軸上に表されている部分雲 C（7つの黒色の点）．ここで，集中楕円の長軸を点線で，平均点を星印で示してある

$$\frac{v_2\,(y_1 - m_1)^2 - 2c\,(y_1 - m_1)\,(y_2 - m_2) + v_1\,(y_2 - m_2)^2}{v_1 v_2 - c^2} = \kappa^2$$

$\kappa = 1$ のときの慣性楕円は，古典的な**指示楕円**[†10] である．集中楕円は $\kappa = 2$ のときの慣性楕円である．幾何学的データ解析において，集中楕円は，構造化因子によって（もしくはクラスター化法によって）分けられた部分雲を幾何学的に要約するときに用いる．例については後述する（第4.4節）．より正確にいうと，集中楕円とは，部分雲の点について，平均点の周りの濃度を幾何学的に表したものである．

　補足　統計的推測においては，適切なモデリングのもとで，真の平均ベクトルに対する**信頼楕円**[†11] を慣性楕円によって表すこともできる．信頼楕円については，第5章で説明する．

4.4　嗜好データの例：性別と年齢の分析

　嗜好データの例で**性別**と**年齢区分**を取り上げて，構造化データ解析を説明する．はじめに性別と年齢区分を別々に分析する例を，次に同時に分析する例を示す．

性別の分析

　性別によって，個体の雲全体は男性と女性の2つの部分雲に分割される．雲全体から求められた主軸に関して，これら2つの部分雲の平均点の座標や分散は表4.1のようになる．

表 4.1　嗜好データの例：性別　最初の3つの主軸に関する，男女の各部分雲における平均点と分散．また，各主軸と**性別**によって分散を群間分散と群内分散に分解した例

性別	重み（個体数）	平均点の座標			分散		
		第1主軸	第2主軸	第3主軸	第1主軸	第2主軸	第3主軸
男性	513	−0.112	−0.158	+0.300	0.2915	0.2528	0.2567
女性	702	+0.082	+0.115	−0.219	0.4639	0.3916	0.2613
		性別内（群内分散）			0.3911	0.3330	0.2593
		性別間（群間分散）			0.0092	0.0182	0.0657
		合計：分散〔固有値〕(λ)			0.4004[†12]	0.3512	0.3250

　2群の平均点の差は，$d_1 = -0.112 - 0.082 = -0.194$，$d_2 = -0.273$，$d_3 = +0.519$である．これらの差を各軸の標準偏差つまり固有値の正の平方根（$\sqrt{\lambda}$）で尺度化すると，第1主軸では$d_1/\sqrt{0.4004} = -0.308$，第2主軸では$d_2/\sqrt{0.3512} = -0.461$，第3主軸では$d_3/\sqrt{0.3250} = -0.910$である．第3.2節（p.78）でも述べた「大まかな目安」に従うと，この尺度化した差[†13]が（絶対値において）0.5よりも大きければその差は**注目すべき差**とみなし，1よりも大きければ**大きい差**とみなしてよいだろう．「性別」においてはd_3の差だけが「注目すべき差」となっている（その次に大きな差はd_2である）．このことから，第1主軸と第2主軸だけではなくて，第3主軸も調べたほうがよいだろう（p.100の図4.2および図4.3）．

　第1−2主平面では，女性の部分雲のばらつきが大きく，男性の部分雲は女性と明確に分かれてはいない．第2−3主平面では，女性の部分雲のばらつきは第1−2主平面におけるばらつきよりも小さくなっており，その集中楕円は「軟らかい」方向（図の下側の方向）[†14]にずれている．男性の部分雲は女性のものよりもばらつきが小さく，左上側の象限に多く分布している．

　各軸と**性別**によって分散を分解した結果は，各部分雲内のばらつきが大きいことを示している（表4.1を参照）．η^2（群間変動を全体変動つまり全体の分散で割った相関比の二乗．η^2の定義についてはp.32およびp.35を参照）は，第3主軸では1/5[†15]であるが，第1主軸と第2主軸では非常に小さい．

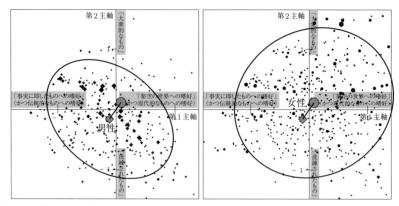

図4.2　嗜好データの例　男性の部分雲（左側）と女性の部分雲（右側）．第1－2主平面で，平均
点と集中楕円も描いている．図の大きさは半分にしてある [16]

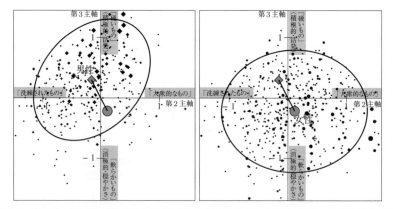

図4.3　嗜好データの例　男性の部分雲（左側）と女性の部分雲（右側）．第2－3主平面で，平均
点と集中楕円も描いてある．図の大きさは半分にしてある

　以上を**要約すると**，男女間における嗜好の違いは，主に第3主軸での違い
（「硬い」対「軟らかい」の違い）である．

年齢の分析

　次に，年齢区分ごとに部分雲に分割した．これらの部分雲は，各主軸にお
いて，平均点と分散で特徴付けられる．年齢区分ごとに6つの部分雲が構成
される．表4.2に，最初の3つの主軸について，6つの年齢区分ごとの平均点
と分散を示した．また，各主軸において，「年齢区分」の群間分散と群内分散
に雲全体の分散を分解した結果も示してある．各年齢区分での個体差は大き

い．η^2 は第1主軸において 1/5 より小さく，第2主軸ではさらに小さい．第3主軸では実質的にゼロである [†17]．

表 4.2 最初の3つの主軸における，6つの年齢区分ごとの平均点の座標と分散．またここで，分散を群間分散と群内分散に分解してある

年齢区分	重み（個体数：n_k）	平均点の座標			分散		
		第1主軸	第2主軸	第3主軸	第1主軸	第2主軸	第3主軸
18～24才	93	+0.589	−0.332	+0.014	.1916	.3946	.2581
25～34才	248	+0.272	−0.191	−0.014	.3093	.3225	.2934
35～44才	258	+0.089	−0.053	+0.052	.3371	.2880	.3406
45～54才	191	−0.054	−0.070	−0.047	.3604	.3176	.3120
55～64才	183	−0.367	+0.101	−0.013	.3121	.2459	.4095
65才以上	242	−0.281	+0.359	0.000	.3401	.3143	.3078
		年齢区分内（群内分散）			.3206	.3068	.3240
		年齢区分間（群間分散）			.0798	.0444	.0010
		合計：分散〔固有値〕(λ)			.4004	.3512	.3250

図 1.4（p.12）を微調整し整えた図 4.4 では，左側に「55～64才」と「65才以上」の年齢区分の部分雲を，右側には「18～24才」と「25～34才」の年齢区分の部分雲をそれぞれ，集中楕円とともに描いている．

2つの年齢が高い層（「55～64才」，「65才以上」）の部分雲は，「事実に即したものへの嗜好」かつ「大衆的なものへの嗜好」である左上の象限に位置している [†18]．「18～24才」の部分雲には際立った特徴がある．第1主軸でのばらつきが小さく（分散が0.1916），「架空の世界への嗜好」を選ぶ傾向にあり，第2主軸に関してはばらつきが大きく（分散が0.3946），「洗練されたものへの嗜好」から「大衆的なものへの嗜好」まで幅広く分布している．

年齢区分と性別の組み合わせ

個体の雲において，**年齢区分**と**性別**とを組み合わせると，合わせて 12（= 6 × 2）個のカテゴリー平均点となる（表 4.3 および図 4.5 の左側の図）．

この項では，これら12個のカテゴリー平均点から構成される重み付き雲を**基本のデータセット**として取り扱い，また，**"性別×年齢区分の雲"**と呼ぶことにする．

表 4.3 から，**性別×年齢区分**の雲における平均点は，個体の雲における平均点に一致することが分かる．また，第1主軸の分散は0.0954，第2主軸

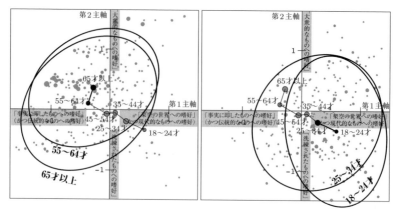

図 4.4　嗜好データの例　年齢区分が「55〜64才」と「65才以上」の部分雲（左側）と，「18〜24才」と「25〜34才」の部分雲（右側）．第1−2主平面で，平均点と集中楕円も描いている（図の大きさは半分）

の分散は0.0632である．よって第1と第2主軸の平面での分散 $V_{A \times G}$ は，0.0954 + 0.0632 = 0.1586 となる．

　男性における6つの年齢区分（図4.5左の図の◆印）の平均点は，男性の部分雲の平均点と一致する．その平均点は，$(-0.112, -0.158)$ である．同様に，女性における6つの年齢区分（図4.5左の図の●印）の平均点は，女性の部分雲の平均点と一致する．その平均点は，$(+0.082, +0.115)$ である．これらの点は，図4.5右側の図において**性別**（男性と女性）について，2点（灰色の◆印と●印）で示されている．第1−2主平面における**性別間の分散** V_G は，0.0092 + 0.0182 = 0.0274である（表4.1，p.99）．

　同様に，**年齢区分**の雲は，6つの平均点（図4.5の灰色の▲印）から構成されているが，これは各年齢区分における性別（男性と女性）の2つの点から計算される．第1−2主平面における**年齢間の分散**は，0.0798 + 0.0444 = 0.1242（表4.2，p.101）である．

　図4.5右と図3.9（p.80）の結果は，予想どおり似ている．図4.5の右側の図にある点は，個体の雲から計算される**年齢区分**の平均点と**性別**の平均点である．一方，図3.9（p.80）内の点は，カテゴリーの雲における**年齢区分**の6個のカテゴリー点と**性別**の2個のカテゴリー点である．

表 4.3　嗜好データの例　性別×年齢区分の12群，**性別**（男性と女性）の2群，**年齢区分**の6群に関する第1－2主平面の平均点と重み（個体数：n_k）[19]

「性別 ×年齢区分」	男性			女性		
	重み （個体数：n_k）	第1主軸	第2主軸	重み （個体数：n_k）	第1主軸	第2主軸
18〜24才	40	+0.4267	−0.4043	53	+0.7121	−0.2781
25〜34才	106	+0.0792	−0.3904	142	+0.4163	−0.0417
35〜44才	117	−0.0799	−0.2130	141	+0.2292	+0.0792
45〜54才	74	−0.1273	−0.3049	117	−0.0073	+0.0791
55〜64才	84	−0.3055	+0.0185	99	−0.4188	+0.1711
65才以上	92	−0.4209	+0.2452	150	−0.1945	+0.4282
性別	513	−0.1124	−0.1577	702	+0.0822	+0.1153

	年齢区分		
	重み （個体数：n_k）	第1主軸	第2主軸
18〜24才	93	+0.5893	−0.3323
25〜34才	248	+0.2722	−0.1908
35〜44才	258	+0.0890	−0.0533
45〜54才	191	−0.0538	−0.0697
55〜64才	183	−0.3668	+0.1011
65才以上	242	−0.2805	+0.3586

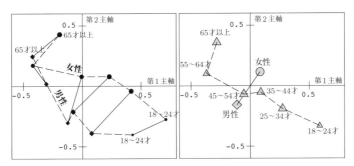

図 4.5　嗜好データの例　「性別×年齢区分」の雲（左側）と，性別と年齢区分の雲（右側）．第1－2主平面（目盛の尺度はp.10の図1.3と同じ）

● 性別主効果と年齢内性別効果 [20]

　性別主効果の自由度は1（= 2−1）である．性別の2点を結ぶベクトルは，**性別主効果**を表している（図4.6，p.104）．第1－2主平面における平均点の差は，（すでにp.99に示したように），(−0.194, −0.273)である．6つの年齢

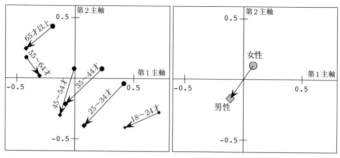

図 4.6　嗜好データの例　年齢区分ごとに示した6個の**性別効果**（左側）と**性別主効果**（右側）いずれも第1－2主平面

区分ごとに性別の2点（男性と女性）を示した図が図4.6（左側）である．各年齢区分において，性別の2点を結んだベクトルは，**年齢内性別効果**を表している．たとえば，「18～24才」内における**性別のベクトル効果**は，第1主軸では $-0.2854\,(=+0.4267-0.7121)$ であり，第2主軸では $+0.1262$ である．年齢内性別効果は，こうした6つのベクトル効果で表される．

表4.3（**p.103**）からは，2点からなる6個の部分雲の分散を計算できる．たとえば，年齢区分「18～24才」に対しては，（p.34の公式を適用すると）第1主軸の分散は，$\frac{40}{93}\times\frac{53}{93}(0.4267-0.7121)^2=0.0200$ である．6個の部分雲の分散の加重平均が，**年齢内性別効果**の分散 $V_{\mathrm{G_{within}}A}$ となる．これを第1-2主平面について求めると $V_{\mathrm{G_{within}}A}$ は0.0345となる．

表 4.4　第1主軸・第2主軸・第1－2主平面における2点からなる部分雲の分散

年齢区分	18～24才	25～34才	35～44才	45～54才	55～64才	65才以上
第1主軸	0.0200	0.0278	0.0237	0.0034	0.0032	0.0121
第2主軸	0.0039	0.0298	0.0212	0.0350	0.0058	0.0079
第1－2主平面	0.0239	0.0576	0.0448	0.0384	0.0090	0.0200
重み（個体数：n_k）	93	248	258	191	183	242

● 年齢主効果と性別内年齢効果[21]

年齢主効果は，自由度が5（$=6-1$）である．「18～24才」と「25～34才」の2つの年齢区分の2点を結ぶベクトルは，それら2つの**年齢区分の主効果**を表している．その座標は，第1主軸では0.317（$=+0.589-0.272$）であり，第2主軸では -0.141（$=-0.332+0.191$）である[22]．図4.7の右側の図は，**年齢主効果**を表す5つのベクトルを描いている．また，図4.7左側の図は，性別

ごとの**効果内効果**[†23]，すなわち，**性別内年齢効果**を表している．

表4.3（p.103）から，性別（男性と女性）に対して6個の年齢区分からなる部分雲の分散を計算できる．第1－2主平面における分散は，男性に対する分散は0.1076（= 0.0537 + 0.0539）であり，女性に対する分散は0.1485（= 0.1100 + 0.0385）となる[†24]．2つの部分雲の分散の加重平均である**性別内年齢効果**の分散 $V_{A_{\mathrm{within}}G}$ は，0.1312（=（513 × 0.1076 + 702 × 0.1485）/1215）となる．

● 交互作用雲と加法雲

6個の年齢区分ごとの**性別のベクトル効果**（図4.6の左側の図）は，年齢区分ごとに異なっている．すなわち，**年齢内性別効果**は，各年齢区分で同じにはなっていない．年齢区分ごとに性別のベクトル効果が異なるということは，年齢内における性別（男性と女性）のベクトル効果が異なること，言い換えると，性別内における年齢効果が男性と女性で異なること（図4.7）と等価である．そのような状況を，一般に，2つの因子の間に**交互作用効果**[*3]があるという．

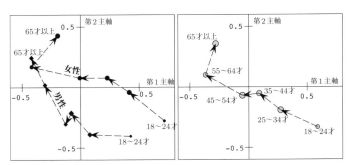

図4.7　嗜好データの例　5つの連続する**性別内年齢効果**（左側）と**年齢主効果**（右側）．いずれも第1－2主平面

2因子を組み合わせた雲は，**加法雲**[†25]で表すこともできる．「加法雲」とは，交互作用を含まない主効果だけで表される雲のことである．図4.8は，第1－2主平面における**性別×年齢区分**の雲に加法雲を当てはめた結果である[*4]．ここで"**性別×年齢区分**の雲"とは，図4.5（p.103）に示したような，**年**

---

*3　原書注：「交互作用」という用語は隠喩的な表現である．ここは「年齢」と「性別」が相互に作用しあうことを意味してはいない．

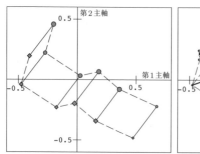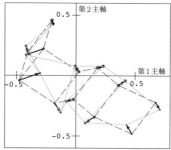

図 4.8　嗜好データの例　**性別×年齢区分**の雲に当てはめた加法雲（左側）と，**性別×年齢区分**の雲からの偏差（ベクトル）（右側）

齢区分と**性別**を組み合わせた雲のことである．

　その算出方法から導かれる性質として，加法雲の場合，各因子の効果内効果は互いに等しい．たとえば，各年齢区分内における6個の性別のベクトル効果は，いずれも (−0.203, −0.263)である．

　このベクトル効果は，**性別×年齢区分**の雲における**年齢内性別効果の平均**（性別の平均効果内効果）である．これは**性別内年齢効果[†26]**についても同じようになる．なお，第1−2主平面における加法雲の分散は 0.1509 (= 0.0898 + 0.0611)である[*5]．

● 構造効果

　年齢内性別効果の平均（**性別の平均効果内効果**）は上述の加法雲の説明にあるように，座標(−0.203, −0.263)のベクトルである．一方，**性別**主効果だけの場合は，座標(−0.194, −0.273)のベクトルであった．ここの例では，これら2つのベクトルはそれほど大きな違いがない．その理由は，**性別**と**年齢区分**という2つの因子の間の相関が小さいからである．言い換えると，**男女比**が，各年齢区分においてそれほど異なっていないからである．同じ理由により，**性別内年齢**効果[†28]の平均（**年齢の平均効果内効果**）は，**年齢**主効果だけの場合とさほど大きな違いがない．

　一方で，因子間に強い相関があると，ある1因子の平均効果内効果は，その因子だけの主効果と大きく異なることがあり，場合によっては符号が逆に

[*4]　原書注：加法雲の求め方は，p.108 に示した説明を参照．

[*5]　原書注：加法雲の分散の計算方法については p.108 を参照[†27]．

なることさえある．このような状況を「**構造効果**[†29]がある」という．

構造効果と交互作用は異なる概念である．嗜好データの例では，若干の交互作用効果はあるが，構造効果はあまりない．逆に，交互作用効果はないが，構造効果があることもありうる．この節で説明した方法は，構造効果と交互作用効果の両方が影響するような一般的な状況でも成立する．

● 分散の分解

性別×年齢区分の雲における分散を分解する方法は3つある（表4.5）．①性別間効果＋**性別内年齢効果**，②年齢間効果＋**年齢内性別効果**，③加法効果＋交互作用効果の3つである．

表 4.5 **性別×年齢区分**の雲の分散に関する3つの分解，および第1主軸，第2主軸，第1−2主平面における**性別×年齢区分**の雲の分散

	性別間	性別内 年齢区分	年齢区分間	年齢区分内 性別	加法雲	交互作用	性別 ×年齢区分
第1主軸	0.0092	0.0862	0.0798	0.0157	0.0898	0.0056	0.0954
第2主軸	0.0182	0.0450	0.0444	0.0188	0.0611	0.0021	0.0632
第1−2軸平面	0.0274	0.1312	0.1242	0.0345	0.1509	0.0077	0.1586

わずかだが交互作用があるので，加法雲の分散（0.1509）は，**性別×年齢区分**の雲の分散（0.1586）よりも小さくなっている．性別と年齢区分との間の相関が小さいので，V_G (0.0274)は$V_{G_{\text{within}}A}$ (0.0345)とそれほど大きく異なっておらず，また，V_A (0.1242)は$V_{A_{\text{within}}G}$ (0.1312)とそれほど大きく異なってはいない．さらに，加法雲の分散(0.1509)の値は，群間分散の和（$V_G + V_A = 0.1516$）に近い．

● 加法雲の計算に関する説明

加法雲は，2つの重み付き回帰分析によって計算される．第1主軸と第2主軸のそれぞれについて，**性別×年齢区分**のクロス表における度数を重みとした重み付き回帰分析によって，加法雲は計算される（表4.3，p.103を参照）．この重み付き回帰分析の独立変数は，2つの因子のカテゴリーから生成された指示変数である．従属変数は，第1主軸と第2主軸の主変数である．これら2つの回帰分析の結果を表4.6に示した．

表 4.6　**性別×年齢区分**の平均点をデータとして，女性と「18－24才」を基準セルとした指示変数の回帰分析で得た回帰係数．R^2 は決定係数

	切片	男性	25～34才	35～44才	45～54才	55～65才	65才以上	R^2
第1主軸	+.6766	−.2030	−.3177	−.4956	−.6518	−.9502	−.8800	0.9409
第2主軸	−.2194	−.2625	+.1409	+.2852	+.2515	+.4410	+.6779	0.9673[†30]

　加法雲の座標は，これらの回帰分析から得られる予測値である．それらの予測値は次の手順で得られる．

1. 座標が $(+0.6766, -0.2194)$ である図の★印の「18～24才」の女性を基準にして，男性の推定値を加えると，「18～24才」の男性の座標が求められる．すなわち，$+0.6766 - 0.2030 = +0.4736$ および $-0.2194 - 0.2625 = -0.4819$ である．

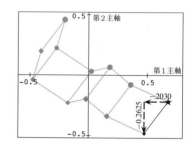

2. 「25～34才」の女性の座標は，「25～34才」の推定値を加えて，$+0.6766 - 0.3177 = +0.3589$ および $-0.2194 + 0.1409 = -0.0785$ と計算される．

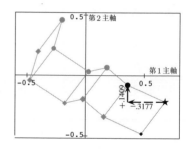

3. 同じようにして，「35～44才」の女性の座標は，「35～44才」の推定値を加えて，$+0.6766 - 0.4956 = +0.1810$ および $-0.2194 + 0.2852 = +0.0658$ と計算される．以下同じようにして求める．

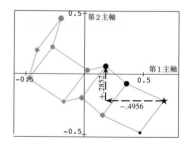

　加法雲の分散は，それぞれの回帰分析の決定係数（R^2）に，**性別×年齢**

区分の雲の分散を掛けることにより求められる．ここの例では，第1主軸は $0.9409 \times 0.0954 = 0.0898$ であり，第2主軸は $0.9673 \times 0.0632 = 0.0611$ である[†31]．

第4章の訳注

†1 原文では "Individuals × Variables table" とある．これに《「個体×変数」の表》の訳を当てた．これは，第3章にある《「個体×質問」の表》（Individuals × Questions table" に同じ意味である．また，"table" は状況に応じて「データ表」「表」の訳を使い分けた．

†2 原文の "structured data" とそれに続く "structured data analysis" に，「構造化データ」および「構造化データ解析」の訳を当てた．

†3 原文の "concentration ellipse" を「集中楕円」とした．

†4 原文の "contour" を「領域」とした．「集中楕円」で描かれる領域のこと．たとえば，後ろの第4.4節の例にある図4.2～図4.4にある集中楕円で示す領域のこと．

†5 このパラグラフの原文内に登場する "experimental factors"，"factorial design"，"between-effect"，"within-effect" に対して，それぞれ「実験因子」「要因計画」，「効果間効果」，「効果内効果」の訳を当てた．これらは，主効果，交互作用などと同様に，実験計画で用いられる語句である．

†6 原文の "principal cloud" に「主雲」の訳を当てた．これは主座標から構成される雲のこと．

†7 原文の "breakdown of variance" を，「分散の分解」とした．ここに説明があるように，また4.4節の例にみるように，雲全体の分散を「群内分散」と「群間分散」に分けて評価する．

†8 原文の "ellipses of inertia" を「慣性楕円」と訳した（Cramér, 1946, p.276）．これを含め，集中楕円，指示楕円などについて，用語集に要約したのでそれを参照のこと．

†9 ここの原文は《The ellipses of inertia of a cloud have their center at the mean point of the cloud and are homothetic with one another.》とある．ここで "homothetic" を「相似」とした．続く式で，定数 κ の値を変えると，楕円の中心（平均点）を中心にいくつも楕円を等高線のように描くことができる．このあとにある図（図4.2，図4.3，図4.4）の集中楕円は $\kappa = 2$ としたときに相当する．この段落の最後にある「部分雲の点について，平均点の周りの濃度を幾何学的に表したもの」とはこうした図の説明である．

†10 原文では "classic *indicator ellipse*" とある．これを「古典的な指示楕円」とした．ここにある式で $\kappa = 1$ とした楕円を「指示楕円」といい，$\kappa = 2$ としたときを「集中楕円」という．「集中楕円」についてはCramér（1946）のpp.283–285を参照．「指示楕円」（および「集中楕円」）については，Le Roux and Rouanet (2004) のpp.97–99，Gower et al.（2011）のpp.54–56も参照．

†11 原文の "confidence ellipse" を「信頼楕円」とした．

†12 ここで，$0.3911 + 0.0092 = 0.4003$ となり 0.4004 とはならないが，これは丸め誤差のため．この数値は表4.2（p.101）にある 0.4004 に同じ．

†13 原文の "scaled deviation" を「尺度化した差」とした．カテゴリー平均点を固有値の平方根で尺度化した値は，カテゴリーの主座標である（カテゴリーの平均点と主座標との関係は，p.60を参照のこと）．

†14 第3章で，「嗜好データ」に多重対応分析を適用して得られた主軸の解釈で，第3主軸の一方

の極を「軟らかいもの（穏健的，穏やかさ）」と解釈したことを思い出そう（p.75 あたりを参照）．

†15 表4.1 から，$\eta^2 = 0.0657/0.3250 = 0.2021 \approx 0.2$ ということ．なお，第1主軸と第2主軸は，それぞれ $\eta^2 = 0.0092/0.4004 \approx 0.02$ および $\eta^2 = 0.0182/0.3312 \approx 0.05$ となる．

†16 ここで「図の大きさは半分」とは，第1章でみた例（p.10 の図 1.3）に対して半分（大きさが1/4）としたということ．以下，図4.3，図4.4 の「半分」も同じ意味．なおこの図の左右の図は，それぞれ図 1.4（p.12）の左右と対比させてみるとよい．

†17 上の説明と同様に，表4.2 から，第1主軸，第2主軸，第3主軸に対して，それぞれ $\eta^2 = 0.0798/0.4004 = 0.1993$，$\eta^2 = 0.0444/0.3512 \approx 0.1264$ および $\eta^2 = 0.0010/0.3250 \approx 0.0031$ となる．

†18 第3章で行った主軸の解釈によるもの（p.70 あたりを参照）．

†19 ここで，性別（表の最下段）と年齢区分（表の一番右側）の数値は，表4.1 と表4.2 に表記の数値よりも桁数を増やしてあるが，本文内の説明では，表4.1 や表4.2 の数値を用いている．たとえば「男性」の部分雲の平均点は $(-0.1124, -0.1577)$ だが説明では $(-0.112, -0.158)$ とした．

†20 ここで原文の "(effect of *Gender* within-age group)" を「年齢内性別効果」と訳した．

†21 原文の "effects of *Age* within *Gender*" および "within-effects of *Age*" を「性別内年齢効果」と訳した．

†22 ここは表4.3 にある「年齢区分」に対する座標から確認できる．たとえば，第1主軸の「18〜24才」と「25〜34才」に対する座標から $+0.589 - 0.272 = 0.317$ となる．第2主軸も同じ要領で -0.141 となる．

†23 原文の "within-effects" を「効果内効果」と訳した．また，"within-effects for each gender" を「性別ごとの効果内効果」とした．

†24 たとえば，男性に対する第1主軸の分散は，表4.3 の男性に対応する数値を用いて以下のようになる．

$$\left\{\begin{array}{l} 40 \times (0.4267)^2 + 106 \times (0.0792)^2 + 117 \times (-0.0799)^2 + \\ 74 \times (-0.1273)^2 + 84 \times (-0.3055)^2 + 92 \times (-0.4209)^2 \end{array}\right\}/513 - (-0.1124)^2 = 0.0536899 \approx 0.0537$$

同様に，第2主軸の分散は以下となる．

$$\left\{\begin{array}{l} 40 \times (-0.4043)^2 + 106 \times (-0.3904)^2 + 117 \times (-0.2130)^2 + \\ 74 \times (-0.3049)^2 + 84 \times (0.0185)^2 + 92 \times (0.2452)^2 \end{array}\right\}/513 - (-0.1577)^2 = 0.053945 \approx 0.0539$$

よって，男性の場合の分散は $0.0537 + 0.0539 = 0.1076$ となる．女性に対する2つの主軸の分散も表4.3 の女性に対応する数値を用いて，同じようにして $0.1100 + 0.0385 = 0.1485$ となる．

†25 原文の "additive cloud" を「加法雲」とした．これについては用語集も確認のこと．

†26 原文の "effects of *Age* within-*Gender*" を「性別内年齢効果」とした．

†27 なお，原文ではここの数値は，$0.08979 + 0.06115 = 0.15094$ とある．しかし p.108 の説明によると，$0.0898 + 0.0611 = 0.1509$ であるのでこれに合わせた．

†28 ここの原文は "within-effects of *Age*" であるが，「年齢の性別内効果」とした．

†29 原文の "structure effect" に「構造効果」の訳を当てた．ここでは "there is a structure effect" とあるので「構造効果がある」とした．

†30 原著では 0.9674 とあるが，正しくは 0.9673 である．

†31 表 4.6 にある決定係数（R^2）と表 4.5 の「性別×年齢区分」の列にある分散を用いて求める．第 1 主軸の場合，表 4.6 から $R^2 = 0.9409$，これに対する「性別×年齢区分」の第 1 主軸の分散が 0.0954 とあるから $0.9409 \times 0.0954 = 0.0898$ となる．第 2 主軸も同様の手順で求める．ただし，原著では第 2 主軸の決定係数が 0.9674 とあるが，上の訳注確認から 0.9673 とした．

第**5**章 帰納的データ解析

—— 間違った質問への厳密な解よりも，正しい質問への近似的な解のほう
がはるかによい． ——

**Far better an approximate answer to the right question… than an exact
answer to the wrong one.**

— ジョン・テューキー

　多くの研究において，研究者は，現在の調査で得られた特定のデータセッ
トから得た結論を超える結論を導きたいと考えるだろう．しかし，小規模な
データセットから得られた結論にはばらつきがある．そこで，研究者は**統計
的推測**といわれてきた形式的な手順を用いることになる．帰納的データ解
析[†1]（IDA：inductive data analysis）に従うならば，幾何学的データ解析でも
— とくに多重対応分析においては —，統計的推測を現在よりも自由に用い
ることができるし，また，用いるべきである．

● 記述的な手法と帰納的な手法

　本書ではここまで，記述的な手法だけを扱ってきた．「記述的」な手法と
は何だろうか？この質問に対して，次のような明確で有効な回答がある．記
述的な手法は，標本の大きさ[†2]に**依存しない**．つまり，記述的な手法は，相
対的な度数だけに基づいている．一方，帰納的な手法（つまり推測的な手
法）は，標本の大きさに**依存する**．

　記述的な手法で求めた統計量を記述統計量という．記述統計量には，たと
えば，平均，分散，相関係数などがある．分割表では，記述統計量として平
均平方関連係数Φ^2があり，統計的推測の検定統計量としてχ^2がある．χ^2
は記述統計量ではない．これら2つの統計量には，$\chi^2 = n\Phi^2$という関係が
ある[†3]．分割表の各セルにおける度数すべてを2倍にしても，Φ^2の値は変化
しないが，χ^2の値は2倍になり，非ゼロの関連に対する有意性検定[†4]におい
てp値（有意確率）が小さくなる．記述的な手法と帰納的な手法との間の一

般的な関係を理解するには，次の見方[15] が役立つだろう.

$$検定統計量 = 標本の大きさ \times 記述統計量$$

　すべての統計手法において，算出される記述統計量に標本の大きさを加味することにより，帰納的な推測を行える.

● 帰納的データ解析

　調査研究では，帰納的データ解析の段階は，制御できないばらつきの要因を認めたうえで，実証的で記述的な結論を（可能な限りいつでも）導くことを目的とする. 帰納的データ解析には次の方針がある.

$$記述が先，推測はあと！$$

　たとえば，インド系移民の平均点（p.78）は雲の重心から離れていて，「架空の世界」で「洗練されたもの」の象限に位置することが分かったとしよう. この知見をもとに，少しくだいて言うと「この観測された差は，実際に差があるから生じた差なのだろうか？それとも偶然だけで生じたのだろうか？」という疑問を研究者がもつのは自然だろう. この疑問に答えるために，いくつかの厳しい前提に基づく通常の標本抽出モデルは，明らかに不適切である. 帰納的データ解析には，**組み合わせ論に基づく枠組み**[16] がもっとも適している. 組み合わせ論に基づく枠組みでは，標本抽出モデルにおいて必要とするような前提を必要としない. 次に述べる典型性に関する検定が，組み合わせ論に基づく枠組みを用いる好例である.

　典型性に関する検定[17]. 上に挙げたインド系移民に関する疑問は，「インド系移民は，**準拠母集団**[18] の典型になっているのだろうか？それとも典型にはなっていないのだろうか？」のように言い直すことができる. この疑問に答えるために次のような基本的なアイデアを採用する. それは，大きさが n の興味がある部分集団を，準拠母集団から抽出した，同じく大きさが n の部分集団と比べるというアイデアである. この考え方によると，考えられる組み合わせだけ準拠母集団から部分雲が抽出される. それらの抽出された複数の部分雲の中で，その平均点が，観測された平均点以上にかけ離れた値になっている割合が，**組み合わせ論に基づく観測有意確率**[19]（言い換えると組み合わせ論に基づく p 値）である. この p 値は，研究者が興味をもっている

集団の平均点が，**どの程度，典型的であるか**[†10] を示す．この p 値が小さい場合，組み合わせ論的な意味[*1] で「差は統計的に有意である」と主張できる．また，小さな p 値は，おそらくは「偶然には基づかない」真の効果があることを示唆している．

注意 帰納的データ解析では，記述的分析の段階で「効果の重要性」[†11] を調べるべきであって，その後の有意性検定の段階で，効果の重要性を調べるべきではない．（**安全な規則**[†12] に従い）まず記述的な分析で効果が重要かどうかの結論を下し，それに続いて有意性検定を行えば，重要でない効果がみかけだけ有意になるという「矛盾」は起こらないであろう．

● 第5章の構成

まず，個体の雲全体と比べて，興味がある集団の部分雲における平均点が典型的かどうかに関する検定（典型性検定）を説明する（第5.1節）．次に，2つの部分雲の平均点を比較する「同質性検定」[†13] を説明する（第5.2節）．そして，信頼楕円について概略する（第5.3節）．嗜好データの例をもとに，それらを解説する．

この章で説明する典型性検定と同質性検定は，Le Roux et al.（2019）による著書の第3章と第5章に詳しく解説されている．これら2つの検定は**並び替え検定**[†14] である．並び替え検定は1930年代に Fisher や Pitman によって提案された．

5.1 典型性検定

この節では，N 人の個体からなる雲全体と，n 人の個体からなる部分雲とを比べる「典型性検定」を説明する．ここでは N 人の個体からなる雲全体を**準拠母集団**と呼ぶ．この準拠母集団から抽出された n 人から構成される部分集団の1つは，1つの**標本**とみなせる．n 人の部分集団の考えられるすべて

---

*1 　原書注：有意確率に対するこのような組み合わせ論に基づく解釈は，まさしく Freedman and Lane（1982）のいう「母集団モデルに基づかない解釈」（nonstochastic interpretation）である．

の組み合わせ[*2]は、**標本空間**を構成する。各標本は考えられる組み合わせのうちの1つの部分雲であり、あわせて $\binom{N}{n}$ 通りの組み合わせがある。典型性を検定するのに、標本ごとに検定統計量を計算する。可能な組み合わせの各標本から計算された $\binom{N}{n}$ 個の検定統計量の分布のことを、検定統計量の**標本分布**と呼ぶ。考えられるすべての組み合わせから計算される検定統計量のうち、現在のデータから計算された検定統計量の値以上にかけ離れた値となった割合が、**組み合わせ論に基づく観測有意確率（p値）**である。

　以下では、ある特定の部分雲における平均点を、準拠平均点[†15]（雲全体での平均点）と比べる典型性検定を説明する。はじめに、主軸に対する典型性検定を、次に主平面に対する典型性検定を説明する。

主軸での典型性検定

　分散 λ の主軸に関して、考えられる組み合わせの部分雲それぞれについて平均点 $\overline{y}$ を求め、$\overline{y}$ の**標本分布**を求めるとする。その標本分布は、平均が0であり、分散 V は

$$V = \frac{1}{n}\frac{N-n}{N-1}\lambda$$

である（この分散の公式は、有限母集団からの抽出における古典的な公式である）。n が小さくなく（かつ、N に比べてずっと小さければ）、この標本分布は平均0、分散 V の正規分布で近似できる。よって、検定統計量

$$Z = \frac{\overline{y}}{\sqrt{V}} = \sqrt{n\frac{N-1}{N-n}}\frac{\overline{y}}{\sqrt{\lambda}}$$

は、近似的に標準正規分布に従う。以降では、検定統計量 Z の観測値（すなわち調べたい部分雲から求めた検定統計量の値）を z_{obs} とし、それに対応する近似的な p 値を $\tilde{p}$ と記す（右の図を参照）。

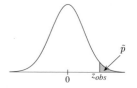

●**嗜好データの例：**若年層の第1主軸での典型性検定

　年齢区分「18〜24才」の若年層の部分雲（$n = 93$）が、第1主軸（$\lambda_1 = 0.4004$）

[*2]　原書注：N 個の要素から n 個の要素を抽出する場合、その組み合わせ数は、以下の二項係数となる。

$$\binom{N}{n} = \frac{N(N-1)\ldots(N-n+1)}{n(n-1)\ldots\times 2\times 1}$$

において典型的かどうかを調べる．若年層の部分雲における平均点の座標は表 4.2（p.101）に示したように，$\overline{y} = +0.589$ である．よって，尺度化した差[*3]は $y = +0.589/\sqrt{0.4004} = +0.931$ となる．記述的な観点からは，この差は注目すべき大きさである．いま，$N = 1215$, $n = 93$ なので，

$$z_{\text{obs}} = \sqrt{93 \times \frac{1215 - 1}{1215 - 93}} \times (+0.931) = \sqrt{100.63} \times (+0.931) = +9.34$$

である．よって，$\widetilde{p} = 0.000$ である（ここで p 値は小数点以下 3 桁に丸めた）．この結果は高度に有意である[*4].

結論　第 1 主軸の平均点に関して，若年層の部分雲は，個体雲全体の典型とは考えにくく，「架空の世界のもの」の側にずれている（ここでは，片側有意水準 0.005 で有意である）．

● **嗜好データの例**：インド系移民の第 1 主軸での典型性検定

インド系移民の部分雲（$n = 38$）が第 1 主軸において典型的かどうかを調べる．インド系移民の部分雲における平均点の座標は $\overline{y} = +0.316$ である（3 章，p.77 を参照）．よって尺度化した差は $+0.316/\sqrt{0.4004} = +0.50$ である．記述的な観点からは，この差は注目すべき大きさである．

検定統計量は

$$z_{\text{obs}} = \sqrt{38 \times \frac{1215 - 1}{1215 - 38}} \times (+0.50) = \sqrt{39.19} \times (+0.50) = +3.1(> 2.58)$$

である．$\widetilde{p} = 0.001$ なので，差は有意である．

結論　第 1 主軸の平均点に関して，インド系移民の部分雲は，個体雲全体の典型とは考えにくく，「架空の世界のもの」の側にずれている（ここでは，片側有意水準 0.005 で有意である）．

主平面での典型性検定

典型性検定は，2 次元以上に拡張できる．

[*3]　原書注：「尺度化した差」（scaled deviation）すなわち「主座標での差」である $\overline{y}/\sqrt{\lambda} = y$ を，効果の重要性を測るための「重要性の指標」として用いる．第 4 章（p.99）も参照．

[*4]　原書注：9.34 は 2.58 よりも，かなり大きい．2.58 は，慣習的に使われている $\alpha = 0.01$（有意水準 1%）の両側検定（つまり，$\alpha = 0.005$ の片側検定）の，標準正規分布における棄却値である．

　部分雲の，2次元における平均点の座標を $(\overline{y}_1, \overline{y}_2)$ と記す．個体雲全体における平均点Gから，部分雲の平均点までの差は，次の重要性の指標[†16]で測ることができる．

$$d = \sqrt{\left(\frac{\overline{y}_1}{\sqrt{\lambda_1}}\right)^2 + \left(\frac{\overline{y}_2}{\sqrt{\lambda_2}}\right)^2} = y_1^2 + y_2^2$$

　一方，検定統計量

$$X^2 = n\frac{N-1}{N-n}d^2$$

は，近似的に自由度 $(d.f.)$ が2の χ^2 分布に従う．

● **嗜好データの例：**若年層の第1－2主平面における典型性検定

　若年層「18〜24才」の部分雲が，第1－2主平面 $(\lambda_1 = 0.4004, \lambda_2 = 0.3512)$ において典型的かどうかを調べる．表4.2 **(p.101)** より，$\overline{y}_1 = +0.589$ であり，$\overline{y}_2 = -0.332$ である．よって，

$$d = \sqrt{\frac{(0.589)^2}{0.4004} + \frac{(-0.332)^2}{0.3512}} = \sqrt{1.180} = 1.09$$

となる．記述的な観点からは，この差は大きい．

　検定統計量の観測値は $X^2_{obs} = 100.63 \times 1.180 = 118.74$ である．よって，$\widetilde{p} = 0.000$ であり，この差は高度に有意である[*5]．

　結論　第1－2主平面の平均点に関して，若年層の部分雲は，個体雲全体の**典型とは考えにくく**，「架空の世界のもの」－「洗練されたもの」の象限のほうにずれている（両側有意水準0.001で有意である）．

● **嗜好データの例：**インド系移民の第1－2主平面での典型性検定

　インド系移民の部分雲が，第1－2主平面において典型的かどうかを調べる．インド系移民の平均点の座標は $(+0.316, -0.343)$ である（第3章，p.78）．よって

$$d = \sqrt{\frac{(0.316)^2}{0.4001} + \frac{(-0.343)^2}{0.3512}} = \sqrt{0.58} = 0.76$$

[*5]　原書注：$X^2_{obs} = 118.74$ は，9.21 よりもかなり大きい．9.21 は，自由度 $d.f. = 2$ である χ^2 分布の有意水準 $\alpha = 0.01$ における棄却値である．

である．記述的な観点からは，この差は注目すべき大きさである．

検定統計量の観測値は$\chi^2_{\text{obs}} = 39.19 \times 0.58 = 22.92$である．よって，観測された差は高度に有意である．

結論 第1－2主平面の平均点に関して，インド系移民の部分雲は，個体雲全体の典型とは考えにくく，「架空の世界のもの」かつ「洗練されたもの」の象限のほうにずれている（両側有意水準0.001で有意である）．

5.2 同質性検定

同質性検定は，個体のいくつかの群を比較するための検定であり，これも組み合わせ論に基づく方法である．互いに排他的な2つの個体の部分集団があり，それぞれの大きさをn_1とn_2とする（また，$n = n_1 + n_2$とする）．この場合，部分雲の考えられる組み合わせ，すなわち，(n_1, n_2)の大きさをもつ排他的な部分集合の組み合わせは，全部で$N!/(n_1! \, n_2! \, (N - n)!)$通りある．2つの部分雲の同質性を検定する際に，それらの組み合わせのそれぞれから，2つの部分雲間の平均点の差を求め，そして検定統計量を求める．$N!/(n_1! \, n_2! \, (N - n)!)$通りの組み合わせから求められた検定統計量の標本分布は，その検定統計量の**並び替え分布**[17]となる．それらの組み合わせから計算された平均差のうち，観測された平均差以上にかけ離れた差となった割合が，観測有意確率（すなわちp値）である．

以下では，2つの部分雲の平均点を比較する同質性検定を調べる．まず初めに，主軸における同質性検定を，次にそれに対応する主平面における同質性検定を説明する．

主軸での同質性検定

ある2つの部分雲の平均点の差（すなわち主軸における平均点の座標の差$\overline{d}$）を検定することを考える．2つの部分雲の考えられる組み合わせごとに平均点の差$\overline{d}$を求めれば，$\overline{d}$の並び替え分布を導出できる．

分散λの主軸に関して，$\overline{d}$の並び替え分布の平均は0であり，分散Vは

$$V = \frac{N}{N-1} \frac{\lambda}{\tilde{n}}, \quad \text{ここで} \quad \tilde{n} = \frac{1}{\frac{1}{n_1} + \frac{1}{n_2}}$$

である．この平均点の差の標本分布は，平均0，分散Vの正規分布によって

近似できる．よって，その検定統計量

$$Z = \frac{\overline{d}}{\sqrt{V}} = \sqrt{\widetilde{n}}\sqrt{\frac{N-1}{N}}d$$

は，標準正規分布に近似的に分布する（ここで$d = \overline{d}/\sqrt{\lambda}$である）．この近似より，有意確率$\widetilde{p}$を求めることができる．

● **嗜好データの例：**第1主軸での，女性の2つの年齢層の部分雲の比較

　女性で年齢区分が「25～34才」と「55～64才」である2つの年齢層は，それぞれ標本の大きさが，$n_1 = 142$と$n_2 = 99$である．第1主軸の平均点の座標は，+0.4163と−0.4188である（表4.3，p.103を参照）．よって，差は$\overline{d}_1 = 0.4163 - (-0.4188) = 0.8351$であり，尺度化した差は$d_1 = \overline{d}_1/\sqrt{\lambda_1} = 0.8351/\sqrt{0.4004} = 1.32$である．記述的な観点からは，この差は重要である．これらの値より，

$$\widetilde{n} = \frac{1}{\frac{1}{142} + \frac{1}{90}} = 58.332,\ z_{obs} = \sqrt{58.332} \times \sqrt{\frac{1214}{1215}} \times 1.32 = 10.07$$

である．よって，$\widetilde{p} = 0.000$であるので，この差は高度に有意である．

注意

1. 2つの部分雲が個体雲全体を2つに分割したものである場合，それら2つの部分雲に対する同質性検定は，2つの部分雲のうちのいずれか1つに対する典型性検定と同じ結果になる．

2. カテゴリー雲において，2つのカテゴリー点を結ぶ直線と，主軸との間の角度を$\cos\theta$とする．そのとき，$Z = \sqrt{N-1}\cos\theta$となる．

3. 同質性検定は，質問qに関係するK_q個の部分雲に拡張できる．$X^2 = (N-1)\eta_q^2$は，自由度$(K_q - 1)$のχ^2分布に近似的に従う（η_q^2の定義についてはp.32を参照）．

主平面での同質性検定

　同質性検定は，2次元以上に拡張できる．

　2次元の場合，2つの平均点の差に関する「重要性の指標」は，次式で求められる．

$$D^2 = \frac{\left(\overline{d_1}\right)^2}{\lambda_1} + \frac{\left(\overline{d_2}\right)^2}{\lambda_2} = d_1^2 + d_2^2$$

ここで$\overline{d_1}$と$\overline{d_2}$は，それぞれ第1主軸と第2主軸における，2つの平均点の主座標の差である．したがって検定統計量は，

$$X^2 = \widetilde{n}\frac{N-1}{N}D^2$$

であり，その分布は近似的に自由度が2のχ^2分布に従う．

● **嗜好データの例**：第1-2主平面での，女性の2つの年齢層の部分雲の比較

女性において，年齢区分が「25〜34才」と「55〜64才」の年齢層を比較してみよう．平均点の差は，$\overline{d_1} = 0.4163 - (-0.4188) = 0.8351$および$\overline{d_2} = -0.0417 - (+0.1711) = -0.2128$である．よって

$$D^2_{obs} = (0.8351^2/0.4004) + (0.2128^2/0.3512) = 1.8709 = (1.37)^2$$

である．記述的な観点からは，この差は重要である．

検定統計量は，$X^2_{obs} = 58.332 \times \frac{1214}{1215} \times 1.8709 = 109.04$であり，差は高度に有意である．

組み合わせ論に基づく推測についての注釈

1. 典型性検定は，データセットの一部（たとえば若年層）に適用することもできるし，当該データセット以外のデータセット（たとえばインド系移民）に適用することもできる．いずれの場合も，興味のある集団が準拠母集団からの無作為抽出標本であるかどうかを知るために典型性検定を用いる．

2. 典型性検定と同質性検定は，標本の大きさに依存する．また，これらの検定は，現在のデータそのものだけを用いるだけでなく，**考えられるデータセットの組み合わせ**を考慮して計算される．結果が有意となった場合は，意味のある解釈を必要とする**真の効果**[18]があると理解するのが自然だろう．

3. 1つのカテゴリー（たとえば若年層）によって定義される部分雲に対する典型性検定は，**検定値**[19]を用いる手法と等価である．この検定値

の手法は，幾何学的データ解析の利用者にとっては馴染みのある手法である（Lebart et al., 1984, pp.23–26[20]）．カテゴリー k と第 l 主軸に関して，検定統計量の観測値は $Z_{obs} = \sqrt{N-1}\cos\theta_{kl}$ である．ここで $\cos^2\theta_{kl}$ は，第 l 主軸でのカテゴリー点 M^k の表現品質である（p.58 にある定義を参照）.

4. 上で説明した典型性検定は，**準拠母集団**を基準にしたときの検定である．これを変形した典型性検定も考えられる．たとえば，**準拠点**[21]（Le Roux et al., 2019, 第4章を参照）を基準とした典型性検定も考えられる.

5. 符号検定，順位検定，2×2 表に対する Fisher 検定などのよく知られたノンパラメトリックな検定も，並び替え検定の一種である．これらの検定では，計算のための明示的な公式を導出でき，統計表を予め作成しておくこともできる．よって，コンピューターが普及する前にも，これらの検定を利用できた．一方，一般に，Fisher-Pitman 検定は標本の大きさがかなり小さくても，正確な並び替え検定を行おうとすると計算量がかなりの量になる．この計算量が膨大になるという問題は，長い間，並び替え検定の利用が困難である理由だったが，現在は解消されている．データの並び替えの**完全な列挙**は，標本の大きさが大きすぎなければ，簡単に求められる．そうでない場合でも，モンテカルロ法が使用できる．つまり，考えられるデータの並び替えを，乱数を使って無作為抽出した標本で行い，そこから近似的に p 値を計算することができる．モンテカルロ法による近似は，考えられるすべての組み合わせから求められる検定統計量の標本分布を，乱数から生成される確率分布によって近似する．モンテカルロ法は，実装が簡単であり，また，ある程度の桁数まで十分に正確な p 値を算出できる.

6. 個体に対して処置[22]や群を無作為割り付けした場合に適用する並び替え検定を，**無作為化検定**[23]と呼ぶ（Edgington と Onghena, 2007 の著書，とくに第 1.11 節を参照のこと）.

7. 適用できるときはいつでも，正規分布モデルに基づく検定（Student 検定，Hotelling 検定など）を実行できる．これらの検定の p 値は，組み合わせ論に基づく検定と同じぐらいの大きさになる．しかし，これらの検

定のp値は，並び替え検定のp値よりも小さくなる傾向がある．すなわち，正規分布モデルに基づく検定のほうが，より有意となりやすい．

5.3 信頼楕円

小規模なデータセットに基づく帰納的推測から得られた結論は，偶然に左右されて不確実でもある．そのため，これまでに述べた検定における問い方とは異なる別の問い方も当然あるだろう．それは，たとえば，インド系移民の平均点について再びくだけた言い方をすれば，"インド系移民の「真」の平均点は，観測された平均点とどれくらい異なるのだろうか？"という問いである．この問いへの答えは，観測された平均点の周りに**信頼領域**[†24]を設けることである．

もし従来の慣習に従い特定の有意水準αを採用したとすると，観測された平均点と有意に異ならない平均点の集合として，信頼度$(1-\alpha)$の信頼領域が定義される．通常の正規分布を仮定した理論では，平面上での信頼領域は，部分雲のκ_α慣性楕円である（p.97の第4.3節を参照）．ここで$\kappa_\alpha^2 = \chi_\alpha^2/n$であり，$\chi_\alpha^2$は自由度2の$\chi^2$分布における，有意水準$\alpha$での棄却値である．たとえば，$\alpha = 0.05$に対して，$\chi_\alpha^2 = 5.9915$である．

- **嗜好データの例：**インド系移民と若年層に対する信頼楕円

第1－2主平面におけるインド系移民の信頼水準95%の信頼楕円は，$\kappa_\alpha^2 = \frac{5.9915}{38} = 0.158$であり，よって$\kappa_\alpha = 0.40$である（図5.1の左側の図）．

若年層の95%信頼楕円は，$\kappa_\alpha^2 = \frac{5.9915}{93} = 0.064$であり，よって$\kappa_\alpha = 0.25$である（図5.1の右側の図）．

注釈

1. 平均点に対する信頼楕円 — 平均点に対する幾何学的かつ推測的な要約 — は，部分雲の集中楕円 — 部分雲の記述的な要約 — と混同してはならない．nがやや大きく，通常の有意水準αであれば，信頼楕円は集中楕円よりもかなり小さい（p.124の図5.1を参照）．

2. 準拠点に対する典型性検定（p.122，注釈の事項4を参照）では，信頼度が$(1-\alpha)$の信頼楕円は，以下のκ_αとした慣性楕円である．

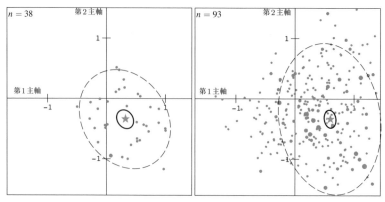

図 5.1　嗜好データの例　第1−2主平面上の集中楕円（$\kappa = 2$，破線）と，（正規分布を仮定したときの95%信頼楕円（実線）．★印は平均点．左側はインド系移民の部分雲，右側は若年層の部分雲（図の寸法は半分にしてある）

$$\kappa_\alpha^2 = \frac{\chi_\alpha^2/n}{1 - \chi_\alpha^2/n}$$

この値は，前述した正規分布の信頼楕円よりもやや大きくなる（すなわち，有意となりにくい）．なお，有意水準が$\alpha = 0.05$のとき，$\chi_\alpha^2 = 5.9915$である．

若年層（$n = 93$）に対しては$\kappa_\alpha = 0.26\ (> 0.25)$であり，インド系移民（$n = 38$）に対しては$\kappa_\alpha = 0.43\ (> 0.40)$である．このように，慣性楕円は，その描き方によって，**部分雲**に対する幾何学的かつ**記述的な**要約にもなるし，部分雲の**平均点**に対する幾何学的かつ**推測的な**要約にもなる．

3. **ベイズ流の枠組み**では，**局所的に一様な事前分布**を仮定すると，信頼水準が$(1 - \alpha)$の信頼楕円は，事後分布で最高密度となっている$(1 - \alpha)$の領域である．このとき，ベイズ流の事後分布においては，平均点が信頼水準$(1 - \alpha)$の信頼楕円に含まれている確率は，$(1 - \alpha)$である（Rouanet et al., 1998，第7章を参照）．

第5章の訳注

†1　ここで "inductive data analysis" を「帰納的データ解析」とした．原書ではその略記 "IDA" と記述されているがここはすべて「帰納的データ解析」とした．

†2　原文は "sample size" で，一般に「標本の大きさ」「標本サイズ」あるいはそのまま「サンプ

ル・サイズ」などと訳されている．調査方法論では，ときに「サンプル数」「標本数」という
語句が用いられることがある．しかし，推測統計においては「サンプル数」「標本数」は標本
抽出（サンプリング）で用いる標本抽出数の意味である．本書でも「標本の大きさ」と「標本
抽出数」は使い分けられている．

†3 　この関係については，第3章のp.61の脚注も参照．

†4 　分割表の「独立性の検定」のことをいう．

†5 　たとえば，2群の平均差を考える．このとき，$\bar{y}_1 - \bar{y}_2$ や $(\bar{y}_1 - \bar{y}_2)/s$ といった統計量
は，標本の大きさには依存しないので「記述統計量」である．一方，t 検定で用いる
$(\bar{y}_1 - \bar{y}_2)/(s/\sqrt{n}) = \sqrt{n}(\bar{y}_1 - \bar{y}_2)/s$ は「検定統計量」である．このように，記述統計量に対
して標本の大きさを加味した統計量を「検定統計量」と考えることができるということ．

†6 　原文では "combinatorial framework" とあり，これに「組み合わせ論に基づく枠組み」の訳を
当てた．

†7 　原文では "typicality problem" だが，これは続く説明にある "typicality test" のことを指す．こ
こではこれらに「典型性に関する検定」あるいは「典型性検定」の訳を当てた．

†8 　原文の "reference population" に「準拠母集団」の訳を当てた．これについては第5.1節を参
照．また用語集も参照．

†9 　原文は "combinational observed level" とあるが，これを「組み合わせ論に基づく観測有意確
率」とした．

†10 　原文は "degree of typicality" であり，後ろに続く典型性検定により有意かどうかの程度を調べ
るという意味で「どの程度，典型的であるか」とした．

†11 　原文では "importance of effect" とあり，これを「効果の重要性」とした．後述のp.117からの
「嗜好データの例」の説明や脚注の原書注にあるように，たとえば，主座標の差（尺度化した
差）を，効果の重要性を測るための「重要性の指標」として用いる．

†12 　原文の "safety rule" に「安全な規則」の訳を当てた．

†13 　原文の "homogeneity test" に「同質性検定」の訳を当てた．用語集も参照のこと．

†14 　原文の "permutation test" に「並び替え検定」の訳を当てた．「並べ替え検定」と訳されること
もある．用語集も参照のこと．

†15 　原文は "reference mean point" であるがこれに「準拠平均点」の訳を当てた．

†16 　p.117の原書注3にあるように "important index" を効果の重要性を測る「重要性の指標」と
いう．

†17 　原文の "permutation distribution" を，ここでは「並び替え分布」とした．

†18 　原文は "genuine effect" で，これを「真の効果」とした．

†19 　原文は "test value" で，これは観測値から得られる検定統計量の実現値という意味で「検定値」
の訳を当てた．

†20 　Lebart et al.（1984）による *Multivariate Descriptive Statistical Analysis – Correspondence
Analysis and Related Techniques for Large Matrices* の翻訳『記述的多変量解析法』（日科技連
出版社）では，pp.24–26に対応する．

†21 　原文の "reference point" を「準拠点」とした．

†22 　原文の "treatment" に「処置」を当てた．これを「処遇」「処理」などと訳すこともある．

†23　ここの原文は "randomization test" で，これに「無作為化検定」の訳を当てた.

†24　ここの原文は "confidence zone" で，これに「信頼領域」の訳を当てた．用語集も参照のこと.

第**6**章　実際の調査研究での例

　嗜好データの例は，質問が4つしかなく，英国の生活様式に関する完全な調査研究となってはいない．元の嗜好調査の例では，実際には41もの質問がある（Le Roux et al., 2008）．そのうち，17個の質問は文化的活動への参加の度合いについて尋ねており，24個の質問は嗜好について尋ねている．41の質問は合わせて166個のアクティブなカテゴリーがあり，それらにより，個々の回答者の特徴を詳しく描出し，また違いを調べている．実際には，その分析手順は第3章で述べたそれとまったく同じである．しかし，有意義な結果を出すには，データのコーディング作業が重要である．

　多重対応分析では，カテゴリーの併合，2値コーディング，連続的な数値変数の離散化など（第6.2節），さまざまな種類のコーディング処理を用いる．重要な分析指標を作成するうえで，より複雑なコーディング処理を用いることもある（第6.1節）．

　複数の変数を組み合わせることや新しい変数を追加することもある．たとえば，P. Suppes（スタンフォード大学）との協力で行われた「優れた生徒に関する研究」（EPGY：Education Program for Gifted Youth）では，「授業内容」と「成績」とを組み合わせて新しい変数を作成している（Le RouxとRouanet, 2003, 2004）．

　この章では，2つの実際の調査研究に対する多重対応分析の適用例について簡単に述べる．各データセットに対して，まずどのような**コーディング**を行ったかを簡単に示し，次に結果の**統計的解釈**（主軸と構造化データ解析の解釈）を紹介する．

　なお，統計的解釈は，**社会学的解釈**に先立つべきものであり，**社会学的解釈**を裏付けるべきものであることを強調しておきたい．

● **第6章の構成**

　第6.1節では，「フランスの出版界」の調査（Bourdieu, 1999）における多重対応分析について説明する．続く第6.2節では，Hjellbrekke et al.（2007）

による「ノルウェーの権力界」の調査に対する多重対応分析を紹介する.

6.1　フランスの出版界

「出版界における保守革命」（Une révolution conservatrice dans l'édition）という論文（1999）は，P.Bourdieu によって行われた最後の実証的な調査研究である．本節では，同論文で行われたコーディングと分析における主な特徴を簡単に述べる．なお，この研究には，著者らも積極的に参加した.

データセットとコーディング

この調査における「個体」は，56社の出版社である．この調査対象は，1995年7月から1996年7月までの間に，フランス語で書かれた，もしくは，フランス語に翻訳された書籍を出版した出版社である．ただし，再版だけに特化した出版社（元の書籍からペーパーバック版やブッククラブ版だけを出版している出版社）は調査から除外している．データの出処は複数ある．出版目録，アーカイブ，出版社自体からデータを収集した．「フランス出版界」の幾何学的な空間を構築するために，以下の5つの群に大別される16変数を選んだ.

1. **会社の法的地位および財務状況（3変数）**
   (1) 会社の法的地位に関する3個のカテゴリー：法人企業（$n = 24$），有限責任会社（$n = 23$），その他（$n = 9$）.

   (2) 資本金，売上高，管理職の人数に基づいて作成した企業規模に関する変数：規模の小さい順に「規模1」から「規模5」までの5個のカテゴリー（$n = 14, 12, 12, 8, 6$）および不明（$n = 4$）.

   (3) 従業員数の5個のカテゴリー（$n = 15, 14, 11, 6, 5$）および不明（$n = 5$）.

2. **財務的および商業的な関係先（2変数）**
   (1) 取次企業に関する7個のカテゴリー（$n = 11, 5, 11, 9, 7, 11, 2$）.

   (2) 株主の中に他の出版社があるかどうか：「ある」（$n = 20$）と，「な

い」（$n = 36$）.

3. 市場占有状況（4変数）

(1) 2つのベストセラーリストに基づいて作成した商業的成功の指標：「売上1」から「売上5」までの5個のカテゴリー（$n = 28, 8, 8, 6, 6$）.

(2) フランスにおける6つの主な賞（ゴンクール賞，フェミナ賞など）のいずれかを受賞した本を出版しているかどうか：「出版している」（$n = 13$）と「出版していない」（$n = 43$）.

(3) 賞の審査員が書いた本を出版しているかどうか：「出版している」（$n = 12$）と「出版していない」（$n = 44$）.

(4) 省（文化省もしくは外務省）からの助成金の程度：「助成金1」から「助成金5」までの5個のカテゴリー（$n = 25, 16, 6, 5, 4$）.

4. 「象徴資本[†1]」（4変数）

(1) 会社の設立年．4個のカテゴリー：「1708年 – 1945年」（$n = 19$），「1946年 – 1975年」（$n = 11$），「1976年 – 1989年」（$n = 17$），「1990年 – 1995年」（$n = 9$）.

(2) 文学史の教科書，辞書などの引用履歴に基づき作成された「Jurt指標」[†2]．3個のカテゴリー：Jurt1「引用なし」（$n = 44$），Jurt2「引用が少ない」（$n = 7$），Jurt3「引用が多い」（$n = 5$）.

(3) フランス人のノーベル文学賞受賞者による著作を出版しているかどうか：「出版している」（$n = 10$）と「出版していない」（$n = 46$）.

(4) 本社の所在地．5個のカテゴリー：「パリの3地域」（$n = 29, 4, 9$），「フランス国内」（$n = 9$），「フランス国外」（$n = 5$）.

5. 外国語の翻訳本（3変数）

(1) 翻訳本の割合：4個のカテゴリー（$n = 17, 12, 16, 9$）と不明（$n = 2$）.

(2) フランス人以外のノーベル文学賞受賞者による著作を出版しているかどうか：「出版している」（$n = 14$）と「出版していない」（$n = 42$）

(3) 調査期間中に出版された翻訳本の言語．6個のカテゴリー：「英語の
み」（$n = 9$），「英語と西欧言語」（$n = 7$），「英語とその他の言語」
（$n = 16$），「英語以外の言語」（$n = 9$），「翻訳本なし」（$n = 8$），「分
類不能」（$n = 7$）．

　ここでは限定多重対応分析（第3.3節，p.81を参照）を行った．その際，6
個のカテゴリーを「消極的なカテゴリー」とした．その6個のカテゴリーは，
4つの「不明」カテゴリー，1つの「分類不能」カテゴリー，そして1つの
「小規模な取次企業」[t3]のカテゴリーである．データは，$n = 56$の出版会社，
$Q = 16$の質問，$K' = 59$個のカテゴリーで構成される．よって，雲の次元数
は，$59 - (16 - 6) = 49$である．

　5つの質問項目群の寄与率は，それぞれ22%，14%，23%，23%，19%で
あった．これらの寄与率はほぼ同じ大きさである．

　最初の6つの固有値は，0.4839，0.2190，0.1769，0.1576，0.1443，0.1405
であった．修正分散率は0.693，0.101，0.056であった．はじめの3つの主軸
の累積修正分散率は，85%であった．はじめの3つの主軸だけを解釈するこ
とにした．

主軸の解釈

● **第1主軸**（$\lambda_1 = 0.484$[t4]）

　第1主軸にもっとも寄与している変数は，**財務状況，市場占有状況，象徴
資本**に関係する変数であった．それらの変数は，具体的には以下の変数で
ある．

- 企業規模（第1主軸に対する寄与率 Ctr = 9.3%），従業員数（Ctr = 9.1%）

- 省からの助成金（Ctr = 9.4%），フランス国内の賞を受賞した著者の本
  の出版（Ctr = 7.4%），賞の審査員が書いた本の出版（Ctr = 7.6%）

- 設立年（Ctr = 7.9%），Jurt指標（Ctr = 8.0%），フランス人のノーベル
  文学賞受賞者（Ctr = 5.3%）

これらを含め，合わせて25個のカテゴリーを第1主軸の解釈に用いた

（図 6.1 を参照 †5）．これら 25 個のカテゴリーの第 1 主軸への寄与率は 79%
である．

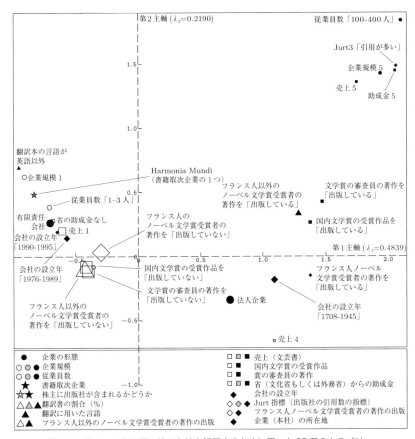

図 6.1 第 1 − 2 主平面：第 1 主軸を解釈するために用いた 25 個のカテゴリー

図 6.2 の右側には，大規模で設立が古く，財政基盤がしっかりしており，
象徴資本が高い出版社（アルバン・ミシェル社，フラマリオン社，ガリマー
ル社，スイユ社）が位置している．また，左側に移るにつれて，小規模で設
立されて日の浅い，財政基盤が弱く，象徴資本が低い出版社（たとえばシャ
ンボン社，クリマ社，ロスフェルド社）が位置している．

●**第 2 主軸**（$\lambda_2 = 0.219$）
第 2 主軸を解釈するために，22 個のカテゴリーを用いた．これら 22 個の

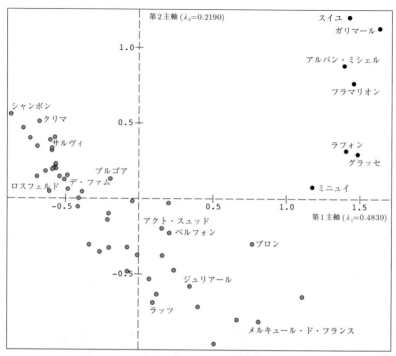

図 6.2 第1－2主平面における56の出版社（ここで，文字は本文中で述べられている会社だけに付与してある）

カテゴリーで，第2主軸の80％が説明される．第2主軸にもっとも寄与している変数は，「企業規模」と「従業員数」である（図6.3, p.133）．図の上部には，小規模および大規模で，他の出版社が株主になっておらず，取次先がない出版社が位置している．一方，図の下部には，中規模で，他の出版社が株主になっており，取次先がアシェットとCDE[*1]に加入の出版社が位置している．

この第2主軸は，資本構造の軸になっている．独立系の出版社（フラマリオン社）などの大企業か，シャンボン社，デ・ファム社，サルヴィ社のような小企業が一方の極にあり，もう一方の極には，出版物の流通に他の取次企業を用いているラッツ社，プロン社，メルキュール・ド・フランス社が位置している（図6.2）．

[*1]　原書注：CDE は "Centre de Diffusion de l'Édition" のこと[†6]．

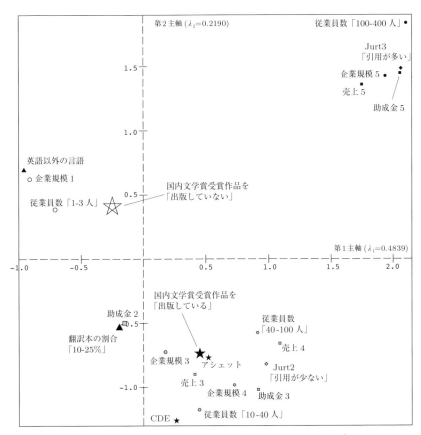

図 6.3 第1−2主平面：第2主軸を解釈するために用いた22カテゴリー

● **第3主軸**（$\lambda_3 = 0.177$）

第3主軸は，一方の極には，（ミニュイ社，メルキュール・ド・フランス社といった）調査期間中に翻訳本を出版しなかった出版社（もしくは，かなり少数しか出版しなかった出版社）が位置しており，もう一方の極には，（ベルフォン社，ブルジョア社，アクト・スュッド社，サルヴィ社といった）多くの翻訳書（その多くは英語からの翻訳書）を出版した出版社が位置している．

● **7つの主要出版社のクラスター化**

第1−2主平面（図6.2, p.132）において，7社の出版社（黒丸●印）は，他の出版社（灰色丸●印）から離れている．

　これら7社の出版社を特徴付けるために，アクティブな各カテゴリーに関して，56社全体の相対度数と，7社の相対度数とを記述的に比較した．そして，差が大きなカテゴリー（ここでは絶対値で10%以上の差があるもの）に対して，超幾何分布に基づく典型性検定（Rouanet et al.1998, p.102を参照）を適用した．記述的な観点から差が大きく，かつ，統計的に有意な[*2]カテゴリーだけを残すと（すなわち，「安全な規則」[17]に基づいてカテゴリーを残すと），このグループは以下のように特徴付けられる．

　これら7社は法人企業であり，大企業（カテゴリーが「規模5」，「従業員数100人以上」）である．市場占有状況が大きい（カテゴリーが「売上5」，「助成金5」，そして，フランス国内の賞の受賞作家や賞の審査員の本を「出版している」）．象徴資本は高い（カテゴリーが「Jurt3（引用が多い）」，「1946年以前に設立」，フランス人のノーベル文学賞受賞者の本を「出版している」）．フランス国外の本はあまり出版していない（10%未満）が，7社すべてがフランス人以外のノーベル文学賞受賞者の本を出版している．

　Bourdieu（1999）では，ユークリッド距離を用いたクラスター化を行った結果とそのコメントも述べられている．そこでは，分散基準に基づく凝集型階層的クラスター化法で，56社の出版社を分類している．7つの主要出版社は，はじめに大きく分かれた2つのクラスターのうちの1つである．このことは，これら7つの出版社が他の49社と異なっていることを明確に示している．この7つの会社からなるクラスターは，階層構造の7段階目の2分割で初めて分かれる．このことは，このクラスターがきわめて等質であることを示している．

　なお，集団限定多重対応分析におけるクラスター化を含めて，このデータセットに関するより完全な研究については，Le Roux, 2014, pp.378–304を参照するとよい．

6.2　ノルウェーの権力界

　この節ではHjellbrekke et al.（2007）によるノルウェーのエリートに関する調査について概観する．同論文では，Bourdieuが言うところの**権力界**[†8]の

---

*2　原書注：つまり，片側検定で有意確率が$p < .025$.

観点から，エリートの社会構造が分析されている．ここで権力界とは，行為者たちがさまざまな社会的資源を競い合う多次元空間のことである．この空間は，Bourdieuによる資本モデルの枠組み（経済資本，社会関係資本，文化資本）に基づいて構築されている．

この調査では，主に次の3つの問題を扱っている．（1）この権力界において，各次元はどのような資本によって特徴付けられるのだろうか？（2）この権力界においてもっとも開放的な集団はどれか？（3）この権力界において，資本の側面からみて同質性が高い部分集団が存在しているだろうか？

データセットとコーディング

この調査では，特定の集団に所属している回答者だけを分析対象とした．分析に用いたデータは，次に挙げるような組織に所属する1,710人のデータからなる．それら組織とは，ビジネス（$n = 348$），文化組織（$n = 143$），政治組織（$n = 190$），警察（$n = 78$），司法機関（$n = 60$），研究・高等教育機関（$n = 146$），中央行政（$n = 197$），防衛（$n = 68$），教会（$n = 107$），協同組合（$n = 42$），メディア（$n = 116$），非営利団体・非政府組織（$n = 215$）である．データの出処は，（収入，資産，教育水準に関しては）公的情報と，ノルウェーのエリートに対する「ノルウェーの権力および民主主義に関する調査」（Norwegian Power and Democracy Survey）で得られたデータである．経済資本や教育資本などの適切な指標を構成するには，生データからどのようにコーディングするかが重要である．最終的には，6つの質問群に大別される以下の31の質問をアクティブな質問として扱った．

1. **経済資本（3変数）**

   個人収入，資本収入，登録資産．第1四分位点と第3四分位点を閾値として，これらの3変数を3個のカテゴリー（「低い」，「中間」，「高い」）に分けた．

2. **教育資本（3変数）**

   教育水準（6個のカテゴリー），海外留学経験（「1年」，「2年以上」，「留学経験なし」の3個のカテゴリー），海外勤務経験（「あり」，「なし」の2個のカテゴリー）．

3. **親の教育資本（2変数）**

父親および配偶者の教育水準（5個のカテゴリー）.

4. **親の社会関係資本（5変数）**

該当する組織で親が役員であるか否かを示す5つの変数.「役員である」（片方の親もしくは両親共に役員である）,「役員ではない」（いずれの親も役員ではない）の2個のカテゴリー.

5. **社会関係資本（8変数）**

該当する組織で回答者が役員であるか否かを示す8つの変数.

6. **専門職経験（10変数）**

経歴の中で特定の専門職に就いたことがあるかどうかを示す, 10個の2値変数.

基本的な結果

　データセットは, 男女数が不均等になっている（85%が男性である）. 年齢は28才から76才である（平均年齢は51.7才, 標準偏差は7.9）. 回答者の教育水準は高い（62%が少なくとも大学在学年数が5〜6年）. ノルウェー国内の平均に比べて, 親の教育資本や社会関係資本も高い.

　3つの経済資本変数と3つの教育資本変数に関して, 少数の欠測データ（「情報なし」のカテゴリー）が存在する. これら6個の欠測カテゴリーは, 度数が少ない（多くて15人）. これら6個のカテゴリーを「消極的なカテゴリー」[†9]として, 1,710人の回答者と77個のアクティブなカテゴリーに対して限定多重対応分析を行った. 全分散に対する6つの質問群の寄与率は, ほぼ同じであった. はじめの3次元目までの主軸を解釈した. 各主軸の分散（固有値）は, それぞれ $\lambda_1 = 0.108$, $\lambda_2 = 0.082$, $\lambda_3 = 0.066$ であった. 3次元目までの累積修正分散率は, 0.75（75%）であった.

主軸の解釈

　主軸を解釈するうえで, 平均寄与率（$100/77 = 1.3\%$）よりも大きな寄与率をもつカテゴリーを選んで観察することにした. ただし, カテゴリーが2値の質問に対してよりよい解釈を行うため, 判断基準[†10]とする閾値をやや

小さめの1.2%とした.

● 第1主軸 $(\lambda_1 = 0.108)$

　上記の判断基準を満たすカテゴリーは19個あった. また,「収入 $\leq$ 421」というカテゴリーは, その寄与率が1.1%と閾値に近く, また第1主軸において「収入 422~784」というカテゴリーにも近いので, それも考慮した. 第1主軸の分散に関して, これら20個のカテゴリーの寄与率を合計すると85.3%であった. この20個のカテゴリーを, 図6.4に示す.

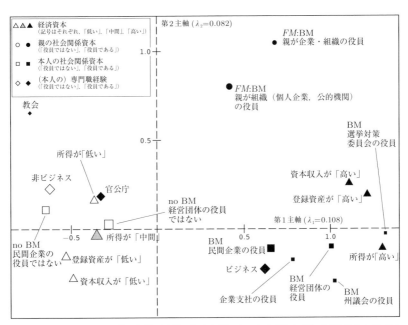

図6.4 第1－2主平面. 第1主軸の解釈:第1主軸にもっとも寄与している20個のカテゴリー. 記号:FM＝父親と母親, BM＝役員. 記号の大きさは, そのカテゴリーの回答度数の大きさに比例させて変えた

　図6.4の**左側には**, 経済資本が低く, ビジネスの経験がなく, 民間企業での役員経験がなく, 非営利団体・非政府組織での役員経験がない, というカテゴリーが位置している. また,「教会」や「官公庁」のカテゴリーが位置している. 一方, 図の**右側には**, 経済資本が高く,「ビジネスの世界」に精通していて, 経済的に組織経営上の権力をもつ職業のカテゴリーが位置して

いる.

　以上を**要約すると**，第1主軸は，**経済資本**に関する軸である．つまり，経済資本が低い側と高い側を識別する軸となっている.

● **第2主軸**（$\lambda_2 = 0.082$）

　第2主軸は，本人および親の社会関係資本と教育資本とを組み合わせた軸になっている．すなわち，**界への先任性**[†11] の軸となっている（図の上側が「＋」であり，下側が「－」である）.

● **第3主軸**（$\lambda_3 = 0.066$）

　第3主軸は，高い社会関係資本および組織，労働組合，メディア，政治での経験が一方の極にあり，高い経済資本および司法での経験がもう一方の極にある．また，第3軸は，低い教育水準が一方の極に，高い教育水準がもう一方の極にある.

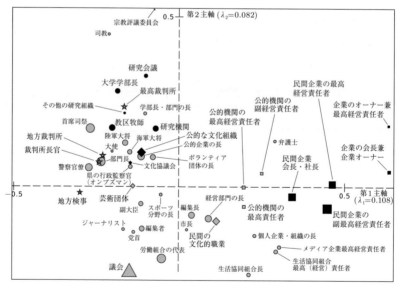

図 6.5　第1－2主平面での個体雲：職業的地位を示す48個の平均点．大分類に合わせて異なった記号を付与してある

記号の意味：公的企業（■），民間企業（■），公的な文化的職業（◆），民間の文化的職業（◆），議会（▲），司法（★），大学・研究機関（●），その他の職業は標識を小さくした灰色の「●」で示した.

構造化データ解析

　構造化因子として「職業的地位」の変数を用いた．48の職業的地位に関して，その職業的地位に就いている回答者の部分雲を求め，また，それらの48個の平均点を求めた．第1－2主平面における48個の平均点を図6.5（p.138）に示した．

　図を右から左にみると，民間企業，公的企業，非営利団体・非政府組織，そして，政治家という並びになっている．図を下から上にみると，政治家，公務員，文化的職業，大学や研究所での指導的地位，そして，教会での指導的地位という並びになっている．

　続いて，議会（$n = 138$）および公的な司法（$n = 60$）に就いている人々の部分雲を求め，それらの集中楕円を描いた．

　第1－2主平面（図6.6，p.140）において，2つの集中楕円は経済資本が低いほう（第1主軸の左側）に位置している．各群は，第1主軸（経済資本の軸）よりも，第2軸（先任性の軸）において，そのばらつきが大きい．親の社会関係資本や親の教育資本に関して，2つの群には差がある．議会職の群は，司法職の群よりもそれらの資本が低い領域に位置している．

　第2－3主平面（図6.7，p.140）に関して，政治の集中楕円は，司法の集中楕円からかなり分離されている．司法職の群は，司法での経験（第3主軸）に関して等質な群になっている．この結果は，他分野から司法職に参入することは難しいであろうことを示唆している．一方で議会職の群においては，政治的な経験がある人が多いものの，メディア，非営利団体・非政治組織，労働組合などの経験者もいる．

結論

　以上の分析により，当初の3つの問題に対して以下のように答えることができるだろう．

1. ノルウェーの権力界は，3つの主軸によって記述できる．第1主軸は経済資本の軸である．第2主軸は教育資本および社会関係資本の軸である．そして，第3主軸は，一方の極が司法職であり，もう一方の極が文化的職業，非営利団体・非政府組織，政治職である軸である．

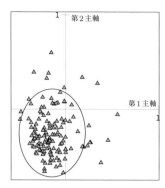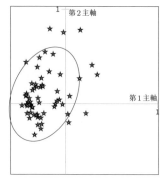

図 6.6　第1－2主平面での集中楕円．議会の部分雲（$n = 138$, 左側）と，司法の部分雲（$n = 60$, 右側）

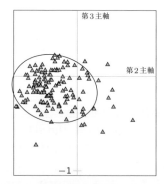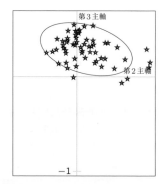

図 6.7　第2－3主平面での集中楕円．議会の部分雲（$n = 138$, 左側）と，司法の部分雲（$n = 60$, 右側）

2.　「新参者」[†12] が多い職業的地位と，「古参者」が多い職業的地位が明確にある．政治職は，他分野からもっとも参入しやすい．一方，研究や大学，教会の職業への参入が難しい．

3.　もっとも同質な集団は，司法職である．ただし，この群にも「新参者」もいれば「古参者」もいる．

第6章の訳注

[†1]　'symbolic capital'（仏語では "le capital culturel"）は通常「象徴資本」と訳される．この概念については，たとえば，Pierre Bourdieu（2001）. *"Langage et pouvoir symbolique"*(Paris, Fayard), pp.107–113 を参照（著者からの私信）.

[†2]　「Jurt 指標」（Jurt index）は，教科書や辞書などの集積資料内にある出版社の引用数を計数す

ることで得られる．なお，これは統計学者らの協力をえて，社会学者らが行った．統計学者らは，社会学者らの意見を勘案したうえで，引用数の統計的分布に基づいてカテゴリー化することを提案した．ここではこのうちの3つのカテゴリー，Jurt1「引用なし」（44社），Jurt2「引用が少ない」（7社），Jurt3「引用が多い」（5社）のみを選択した．詳しくは用語集を参照．

†3 原文は "the one corresponding to a small distributor" とあり，これを「小規模な取次企業」とした．企業規模に関する変数の5個のカテゴリーのうちの「規模1」に相当する．

†4 この値は，上に表記の6つの固有値 0.4839, 0.2190, 0.1769, 0.1576, 0.1443, 0.1405 の先頭の第1固有値を丸めた値 0.484 とした．以下の説明にある第2主軸，第3主軸に対する固有値も 0.219, 0.177 となる．

†5 詳しくは Bourdieu（1999）の論文を参照するとよい．この論文には図 6.1 や図 6.2 のより詳しい図がカラー版で掲載されている．
https://www.persee.fr/docAsPDF/arss_0335-5322_1999_num_126_1_3278.pdf
［最終閲覧日］2020 年 11 月 15 日

†6 CDE は多数の出版社が参加し出版流通などを行う組織．これについては以下の URL を参照（筆者からの提供情報）．http://www.gallimard.fr/Footer/Ressources/Le-groupe-Madrigall

†7 「安全な規則」（safety rule）については，第5章の p.115 を参照．

†8 Bourdieu は，「界」（"field"，フランス語では "champ"）については，用語集も参照のこと．ここでの「権力界」（field of power）とは，権力が資本となっている社会空間のことを指していると思われる．

†9 「消極的なカテゴリー」（passive category）については，第3章の p.83 と同ページにある原書注ならびに用語集を参照のこと．

†10 ここの原文は "basic criterion" でこれを「判断基準」とした．これは第3章，p.70 あたりにある主軸の解釈を行う際の目安とする「判断基準」（baseline criterion）と同じ指標である．

†11 ここの原文は "field seniority" であるが，これを「界への先任性」と訳した．親も含めて，ある地位に他の人よりも先に就いていて，その地位に在籍している期間が長いことを指す．

†12 ここで "newcomers" を「新参者」，"established" を「古参者」と訳して対比させた．「「新参者」が多い職業」とは，新規参入が比較的容易な職業を指す．「「古参者」が多い職業」とは，すでに世間に定着した既存・周知の上位層・権力層にある人々の職業を指す．

付　録

A.1　記号の説明

Ctr_k	カテゴリー k の寄与率
Ctr_q	質問 q の寄与率
d_{obs}	観測された効果
δ_{ik}	0，1で構成された指示行列の (i, k) 要素
η^2	相関比の二乗
f_k	カテゴリー k の相対度数
G	雲の平均点
I	n 人の個体 i（$\in I$）を要素とする集合
I_k	カテゴリー k を選択した n_k 人の個体を要素とする部分集合
K	カテゴリーの全体集合
K_i	個体 i の回答パターン
K_q	質問 q の回答カテゴリーの集合
L	雲の次元数
l	（$l = 1, \ldots, L$）何次元目かを示す通し番号
λ_l	第 l 主軸の固有値（すなわち第 l 主軸の分散）
M^i	個体点
M^k	カテゴリー点
$\overline{\mathrm{M}}^k$	カテゴリー平均点
n	全個体数
n_k	カテゴリー k を選択した個体数
$n_{kk'}$	カテゴリー k と k' の両方を選択した個体数
$\tilde{n}$	差に対する重み
Φ^2	平均平方関連係数
p_k	カテゴリー点 M^k の相対的な重み
Q	質問 $q \in Q$ の集合
V_{cloud}	雲の分散
v_{ql}	質問 q に属するカテゴリー点の，第 l 主軸における主座標の分散
y_l^k	カテゴリー点 M^k の，第 l 主軸における主座標
$\overline{y}_l^k$	カテゴリー平均点 $\overline{\mathrm{M}}^k$ の，第 l 主軸における座標
ξ_l	第 l 主軸の特異値
z_{obs}	検定統計量 Z の観測値

省略表記の意味

AHC	Ascending Hierarchical Clustering	凝集型階層的クラスター化法
CA	Correspondence Analysis	対応分析
CSA	Class Specific Analysis	集団限定多重対応分析
GDA	Geometric Data Analysis	幾何学的データ解析
IDA	Inductive Data Analysis	帰納的データ解析
MCA	Multiple Correspondence Analysis	多重対応分析
PCA	Principal Component Analysis	主成分分析
SpeMCA	Specific MCA	限定多重対応分析
SVD	Singular Value Decomposition	特異値分解

A.2　公式の行列表記

　本節では，計算式を簡潔に示すために，行列表記を用いて計算手順を示す[*1]．行列表記による計算式はコンピュータープログラムを作成するときに役に立つ．行列に対して，標準的な表記法を用いる．たとえば，行列はボールド体の大文字，列ベクトルはボールド体の小文字，プライム記号（$'$）は行列の転置を示す.

- $\mathbf{I}_L$ を，$L \times L$ の単位行列[†1]とする．$\mathbf{e}_K$ を，すべての要素が1である $K \times 1$ の列ベクトルとする．また，$\mathbf{e}_I$ を，すべての要素が1である $I \times 1$ の列ベクトルとする．

- $\mathbf{N}_K$ を，対角要素が n_k である $K \times K$ の対角行列とする．

- $\mathbf{Z}$ を，各要素が δ_{ik} である $I \times K$ の行列（指示行列）とする．なお，$\mathbf{Z}\mathbf{e}_K = Q\mathbf{e}_I$ および $\mathbf{Z}'\mathbf{e}_I = \mathbf{N}_K\mathbf{e}_K$ となる．

- $\mathbf{Z}_0 = \mathbf{Z} - \frac{1}{n}\mathbf{e}_I\mathbf{e}'_I\mathbf{Z}$ とする．この $\mathbf{Z}_0$ は，各要素が $\delta_{ik} - n_k/n$ である，$I \times K$ の行列である．

- $\mathbf{y}_K$ を，K 個のカテゴリー点の主座標からなる $K \times 1$ の列ベクトルとする．また，$\mathbf{Y}_K$ を，K 個のカテゴリー点の主座標を含む，$K \times L$ の行列とする．

[*1]　原書注：本書のほかの部分を理解するのに，この章を読む必要はない.

●$\mathbf{y}_I$ を，I 人の個体の主座標からなる $I \times 1$ の列ベクトルとする．また，$\mathbf{Y}_I$ を，I 人の個体の主座標からなる $I \times L$ の行列とする．

以下に，通常の多重対応分析（MCA）における計算手順を詳細に示す．また，限定多重対応分析（specific MCA）と，集団限定多重対応分析（CSA）に関しては，数式だけを示す．

通常の多重対応分析

遷移方程式（p.58）を，δ_{ik}（p.51）を用いて書くと次式のようになる．

$$\mathbf{y}^i = \frac{1}{\sqrt{\lambda}} \sum_k \delta_{ik} y^k / Q$$

$$\mathbf{y}^k = \frac{1}{\sqrt{\lambda}} \sum_k \delta_{ik} y^i / n_k$$

この遷移方程式を行列で表記すると次式のようになる．

1. $\mathbf{y}_I = \frac{1}{\sqrt{\lambda}} \frac{1}{Q} \mathbf{Z} \mathbf{y}_K$

2. $\mathbf{y}_K = \frac{1}{\sqrt{\lambda}} \mathbf{N}_K^{-1} \mathbf{Z} \mathbf{y}_I$

またここで，$\frac{1}{n} \mathbf{y}_I' \mathbf{y}_I = \lambda = \frac{1}{nQ} \mathbf{y}_K' \mathbf{N}_K \mathbf{y}_K$ という関係が成り立つ．

なお，主変数は平均で中心化されているため，δ_{ik} を $\delta_{ik} - n_k/n$ に置き換えても，つまり，行列表記における $\mathbf{Z}$ を $\mathbf{Z}_0$ に置き換えても，上記の遷移方程式は成り立つ．

●特異値分解による計算

いま $\xi = \sqrt{\lambda}$（特異値）とする．また，

$$\mathbf{u} = \frac{1}{\sqrt{n}} \frac{1}{\xi} \mathbf{y}_I$$

$$\mathbf{v} = \frac{1}{\sqrt{nQ}} \frac{1}{\xi} \mathbf{N}_K^{1/2} \mathbf{y}_K$$

とする．このとき $\mathbf{u}'\mathbf{u} = 1 = \mathbf{v}'\mathbf{v}$ となる．遷移方程式における $\mathbf{y}_I$ と $\mathbf{y}_K$ を，それぞれ $\mathbf{u}$ と $\mathbf{v}$ に関する式に置き換え，式を整理すると，次の2つの等式が

得られる．

$$\frac{1}{\sqrt{Q}}\mathbf{Z}_0\mathbf{N}_K^{-1/2}\mathbf{v}=\xi\mathbf{u}$$

$$\frac{1}{\sqrt{Q}}\mathbf{N}_K^{-1/2}\mathbf{Z}_0'\mathbf{u}=\xi\mathbf{v}$$

これら 2 つの等式における $\mathbf{u},\mathbf{v},\xi$ は，$I\times K$ の行列 $\mathbf{H}=\mathbf{Z}_0\mathbf{N}_K^{-1/2}/\sqrt{Q}$ の特異値分解から得られる．

特異値分解において，$\mathbf{H}=\mathbf{U}\mathbf{\Xi}\mathbf{V}'$ が得られる（ここで $\mathbf{U}'\mathbf{U}=\mathbf{I}_L$ かつ $\mathbf{V}'\mathbf{V}=\mathbf{I}_L$ である．行列 $\mathbf{\Xi}$ は L 個の対角要素をもつ対角行列，行列 $\mathbf{U}$ は $I\times L$ の直交行列，行列 $\mathbf{V}$ は $K\times L$ の直交行列である）．

I 人の個体点の主座標と，K 個のカテゴリー点の主座標は，次式で求められる（なお，これらの主座標はそれぞれ L 次元ある）．

$$\mathbf{Y}_I=\sqrt{n}\mathbf{U}\mathbf{\Xi}$$

$$\mathbf{Y}_K=\sqrt{nQ}\mathbf{N}_K^{-1/2}\mathbf{V}\mathbf{\Xi}$$

注意　$\mathbf{e}_I$ および $\mathbf{N}_K^{-1/2}\mathbf{e}_K/\sqrt{Q}$ は，$\mathbf{H}$ の $\xi_0=0$ に対する固有ベクトルとなっている．

●対角化による計算

列ベクトル $\mathbf{v}$ は，$K\times K$ の対称行列 $\mathbf{S}=\mathbf{H}'\mathbf{H}$ の固有ベクトルでもある．このときの固有値 λ は，$\lambda=\xi^2$ である．ここで，$\mathbf{B}$ をバート行列 $\mathbf{B}=\mathbf{Z}'\mathbf{Z}$（p.61 を参照）とし，また，$\mathbf{B}_0=\mathbf{B}-\frac{1}{n}\mathbf{N}_K\mathbf{e}_K\mathbf{e}_K'\mathbf{N}_K$ とする．$\mathbf{B}_0$ の各要素は $n_{kk'}-(n_kn_{k'}/n)$ である．このとき，$\mathbf{S}=\frac{1}{Q}\mathbf{N}_K^{-1/2}\mathbf{B}_0\mathbf{N}_K^{-1/2}$ を固有値分解した結果は，$\mathbf{S}\mathbf{v}=\lambda\mathbf{v}$ となる．行列 $\mathbf{S}$ を対角化すると，$\mathbf{S}=\mathbf{V}\mathbf{\Lambda}\mathbf{V}'$ となる．ここで，$\mathbf{\Lambda}$ は，L 個の対角要素をもつ対角行列である．

カテゴリー点の主座標 $\mathbf{Y}_K$ は，上述した式から得られる．個体点の主座標は，次式のように指示行列から得られる．

$$\mathbf{Y}_I=\sqrt{n}\,\mathbf{Z}\,\mathbf{N}_K^{-1/2}\mathbf{V}/\sqrt{Q}$$

限定多重対応分析

限定多重対応分析で分析対象とする行列は，元の行列の部分行列である．

限定多重対応分析では，K' 個のアクティブなカテゴリーだけを分析に用いる．$\mathbf{Z}_0$ および $\mathbf{H}_0$ の部分行列（$I \times K'$ の行列）を，それぞれ $\widetilde{\mathbf{Z}}_0$ および $\widetilde{\mathbf{H}}_0$ と記す．また，$\mathbf{N}_K$ の部分行列を $\mathbf{N}_{K'}$ と記す．そして，限定多重対応分析で得られる主座標の列ベクトルを，それぞれ $\widetilde{\mathbf{y}}_{K'}$ および $\widetilde{\mathbf{y}}_I$ と記す．

限定多重対応分析での**遷移方程式**（p.84）は，次式のようになる．

1. $\widetilde{\mathbf{y}}_I = \dfrac{1}{\sqrt{\mu}} \dfrac{1}{Q} \widetilde{\mathbf{Z}}_0\, \widetilde{\mathbf{y}}_{K'}$

2. $\widetilde{\mathbf{y}}_{K'} = \dfrac{1}{\sqrt{\mu}} \mathbf{N}_{K'}^{-1} \widetilde{\mathbf{Z}}_0'\, \widetilde{\mathbf{y}}_I$

また，$\dfrac{1}{n}\widetilde{\mathbf{y}}_I'\widetilde{\mathbf{y}}_I = \mu = \dfrac{1}{nQ}\widetilde{\mathbf{y}}_K'\mathbf{N}_K\widetilde{\mathbf{y}}_K$ という関係が成り立つ．

● 特異値分解による計算

L 個の固有値 μ を対角要素とする対角行列を $\mathbf{M}$ とする．また，L 個の特異値を対角要素とする対角行列を $\mathbf{\Gamma}$ とする（よって，$\mathbf{\Gamma} = \mathbf{M}^{1/2}$）．限定多重対応分析の結果は，$I \times K'$ の行列 $\widetilde{\mathbf{H}}_0 = \dfrac{1}{\sqrt{Q}} \widetilde{\mathbf{Z}}_0\mathbf{N}_{K'}^{-1/2}$ の特異値分解である $\widetilde{\mathbf{H}}_0 = \widetilde{\mathbf{U}}\mathbf{\Gamma}\widetilde{\mathbf{V}}'$ から得られる．なお，ここで，$\widetilde{\mathbf{U}}'\widetilde{\mathbf{U}} = \mathbf{I}_L$ および $\widetilde{\mathbf{V}}'\widetilde{\mathbf{V}} = \mathbf{I}_L$ である．

I 人の個体点の主座標 $\widetilde{\mathbf{Y}}_I$ と，K' 個のカテゴリー点の主座標 $\widetilde{\mathbf{Y}}_{K'}$ は，次式で求められる（これらはそれぞれ全部で L 次元ある）．

$$\widetilde{\mathbf{Y}}_I = \sqrt{n}\widetilde{\mathbf{U}}\mathbf{\Gamma}$$

$$\widetilde{\mathbf{Y}}_{K'} = \sqrt{nQ}\mathbf{N}_{K'}^{-1/2}\widetilde{\mathbf{V}}\mathbf{\Gamma}$$

● 対角化による計算

$K' \times K'$ の行列 $\widetilde{\mathbf{S}} = \widetilde{\mathbf{H}}_0'\widetilde{\mathbf{H}}_0 = \dfrac{1}{Q}\mathbf{N}_{K'}^{-1/2}\widetilde{\mathbf{B}}_0\mathbf{N}_{K'}^{-1/2}$ を対角化すると，$\widetilde{\mathbf{S}} = \widetilde{\mathbf{V}}\mathbf{M}\widetilde{\mathbf{V}}'$ が得られる．ここで $\widetilde{\mathbf{V}}'\widetilde{\mathbf{V}} = \mathbf{I}_L$ である．これから，上式を用いると，K' 個のカテゴリー点における主座標を算出できる．また，I 個の個体点における主座標は，$\widetilde{\mathbf{Y}}_I = \sqrt{n}\widetilde{\mathbf{Z}}_0\mathbf{N}_{K'}^{-1/2}\widetilde{\mathbf{V}}/\sqrt{Q}$ である．

集団限定多重対応分析

この節でも，$\mathbf{N}_K$ を，N 人の個体からなる集合 I におけるカテゴリーの絶対度数 N_k を対角要素にもつ対角行列とする．また，次のように記号を定義する．

- $\widehat{\mathbf{N}}_K$ を，n 人の個体からなる部分集合 I' におけるカテゴリーの絶対度数 n_k を対角要素にもつ対角行列とする．

- $I' \times K$ 行列 $\widehat{\mathbf{Z}}$ を，$I \times K$ 行列 $\mathbf{Z}$ の部分行列とする．

- $\widehat{\mathbf{Z}}_0 = \widehat{\mathbf{Z}} - \frac{1}{n}\mathbf{e}_{I'}\mathbf{e}'_K\widehat{\mathbf{N}}_K$ とする．この行列は，$\delta_{ik} - (n_k/n)$ を要素とする $I' \times K$ 行列である．

- $\widehat{\mathbf{y}}_K$ および $\widehat{\mathbf{y}}_{I'}$ を，それぞれ，集団限定多重対応分析における，K 個のカテゴリー点と I' 個の個体点とする．

このとき，p.86 における遷移方程式は，次式のようになる．

1. $\widehat{\mathbf{y}}_{I'} = \frac{1}{\sqrt{\lambda}} \frac{1}{Q} \widehat{\mathbf{Z}}_0 \widehat{\mathbf{y}}_K$

2. $\widehat{\mathbf{y}}_K = \frac{1}{\sqrt{\lambda}} \mathbf{N}_K^{-1}\widehat{\mathbf{Z}}'_0\widehat{\mathbf{y}}_{I'}$

また，$\frac{1}{n}\widehat{\mathbf{y}}'_{I'}\widehat{\mathbf{y}}_{I'} = \mu = \frac{1}{NQ}\widehat{\mathbf{y}}'_K\mathbf{N}_K\mathbf{y}_K$ という関係が成り立つ．

●特異値分解による計算

集団限定対応分析の結果は，次の行列を特異値分解することで得られる．

$$\widehat{\mathbf{H}} = \frac{1}{\sqrt{Q}} \sqrt{\frac{N}{n}}\widehat{\mathbf{Z}}_0\mathbf{N}_K^{-1/2}$$

特異値分解した結果は，$\widehat{\mathbf{H}} = \widehat{\mathbf{U}}\mathbf{\Gamma}\widehat{\mathbf{V}}'$ である．ここで，$\mathbf{\Gamma}$ は L 個の対角要素をもつ対角行列，$\widehat{\mathbf{U}}$ は $I' \times L$ 行列，$\widehat{\mathbf{V}}$ は $K \times L$ 行列であり，また，$\widehat{\mathbf{U}}'\widehat{\mathbf{U}} = \mathbf{I}_L$，$\widehat{\mathbf{V}}'\widehat{\mathbf{V}} = I_L$ を満たしている．

I' 人の個体点における主座標 $\widehat{\mathbf{Y}}_{I'}$ と，K 個のカテゴリー点における主座標 $\widehat{\mathbf{Y}}_K$ は，次式で求められる（これらはそれぞれ全部で L 次元ある）．

$$\widehat{\mathbf{Y}}_{I'} = \sqrt{n}\widehat{\mathbf{U}}\mathbf{\Gamma}$$
$$\widehat{\mathbf{Y}}_K = \sqrt{QN}\mathbf{N}_K^{-1/2}\widehat{\mathbf{V}}\mathbf{\Gamma}$$

●対角化による計算

部分集合 I' のバート行列を，$\widehat{\mathbf{B}} = \widehat{\mathbf{Z}}'\widehat{\mathbf{Z}}$ とする（この行列の要素は $n_{kk'}$ であ

る).また,$\widehat{\mathbf{B}}_0=\widehat{\mathbf{B}}-\frac{1}{n}\widehat{\mathbf{N}}_K\mathbf{e}_K\mathbf{e}'_K\widehat{\mathbf{N}}_K$ とする(この行列の要素は $n_{kk'}-(n_k n_{k'}/n)$ である).行列 $\widehat{\mathbf{S}}=\widehat{\mathbf{H}}'\widehat{\mathbf{H}}=\frac{1}{Q}\frac{N}{n}\widehat{\mathbf{N}}_K^{-1/2}\widehat{\mathbf{B}}_0\widehat{\mathbf{N}}_K^{-1/2}$ を対角化すると,$\widehat{\mathbf{S}}=\widehat{\mathbf{V}}\mathbf{\Gamma}\widehat{\mathbf{V}}'$ となる.この結果に上式を使えば,$\widehat{\mathbf{Y}}_K$ が求められる.また,中心化された指示行列 $\widehat{\mathbf{Z}}_0$ から,$\widehat{\mathbf{Y}}_{I'}=\sqrt{\frac{N}{Q}}\widehat{\mathbf{Z}}_0\mathbf{N}_K^{-1/2}\widehat{\mathbf{V}}$ によって $\widehat{\mathbf{Y}}_{I'}$ が得られる.

A.3 多重対応分析を行えるソフトウェア

多重対応分析(通常の多重対応分析および限定多重対応分析)は,付録A.2で述べた計算式から得られる.よって,R(もしくはS+),C,Fortranなどの特異値分解や対称行列の対角化を行う関数を含むライブラリがある言語によって,多重対応分析の結果は得られる.また,カテゴリー点や個体点の主座標を保存すれば,それらの結果から適切なソフトウェアによって雲を視覚的なグラフとして描画できる.

標準的な統計ソフトウェアを用いることもできるが,無料もしくは有料の多くのソフトウェアが算出する多重対応分析の結果は,(間違っているとは言わないが)おうおうにして不完全である[*2].

無料のソフトウェア

以下では,無料のソフトウェアとして,R言語のいくつかのパッケージを紹介する.

- R(R Development Core Team, www.r-project.org)では,mca関数によって多重対応分析の結果を得ることができる.ただし,この関数で実装されている機能は最小限のものであり,追加要素や最新の分析手順までは行えない.caパッケージにおけるmjca関数でも,通常の多重対応分析を実行できる.こちらでは追加カテゴリーや最近の分析手順を実行できる(GreenacreとBlasius(2006)におけるNenadićとGreenacreの付録を参照のこと).簡単に使えるパッケージとしては,FactoMineRパッケージがある(このパッケージはF. Husson, S. Lê, J. Josse, J. Mazetによっ

[*2] 原書注:この節でのソフトウェアの調査は,Philippe Bonnet(パリ第5大学)の助けを借りた.協力に対して謝辞を述べたい.

て開発されている．http://factominer.free.fr/)．検定値や慣性楕円なども含み，本書で述べられている方法のほとんどを含んでいる[*3]．

商用のソフトウェア

多くの標準的な統計ソフトウェアでは，**通常の多重対応分析における基本的な数値結果**（固有値，主座標，寄与率）を算出できる．ただし，グラフは，判読できないとまでは言わないまでも，不完全なことが多い．

XLSTAT（www.xlstat.com）[*4]，SPSS（www.spss.com）[*5]，SAS/STAT（www.sas.com）[*6]，STATA（www.stata.com）[*7]では，基礎的な結果だけではなく，追加要素の結果も算出される．個体（すなわち，ケース）の主座標も保存できる．

どのソフトウェアを用いるにしても，（a）主変数（つまり，カテゴリーの主座標や個体の主座標）の分散が固有値と等しいこと，および，（b）グラフにおいて縦軸と横軸のスケールが同一になっていること[†3]は確認したほうがよい．

ユーザーフレンドリーな操作で多重対応分析を実行するには，ソフトウェアSPAD[†4]を推奨する．SPADは2007年以降，ユーザーフレンドリーな分析処理の流れに即応したグラフィカル・インターフェースの導入や統計的手法

[*3]　原書注：ca パッケージおよび FactoMineR パッケージについては，*Journal of Statistical Software* に解説がある．ca については 20 巻 3 号（2007 年 3 月）で，FatoMineR については 25 巻 1 号（2008 年 3 月）に，それぞれ解説がある．

[*4]　原書注：XLSTAT を開き，XLSTAT > Analyzing data > Multiple CorrespondenceAnalysis コマンドを選択する．

[*5]　原書注：不正確な結果を返してくるので，多重対応分析を実行するのにこのパッケージを利用することを推奨しない．デフォルトの収束基準（10^{-5}）は大きすぎるので，小規模なデータセットでさえも，より小さな値にする必要がある．このデフォルト値は，SPSS 文法で記述したコードだけでは変更できる．さらに，個体点およびカテゴリー点の主座標を求めるには，2 回分析を実行する必要がある（なお，主座標は，その分散が固有値と等しくなる）．"vprincipal" オプションで実行してカテゴリー点の主座標を求め，"oprincipal" オプションで実行して個体点の主座標を求める必要がある．

[*6]　原書注：「個体×変数」データに対して個体の主座標も求めたいのであれば，PROC CORRESP で "MCA" オプションを指定せずに実行する必要がある．

[*7]　原書注：STATA（リリース 11）では，File > Open によりデータセットを開き，Statistics > Multivariate Analysis > Correspondence Analysis > Multiple Correspondence Analysis (MCA) を選択し多重対応分析を実行する．方法として indicator matrix approach オプションを選択し，正規化の方法として principal を選択する．**注意：**STATA において "contr" もしくは "contrib" と呼ばれているものは，足しても 1000（もしくは 1）にはならない．ある軸に対するカテゴリー点の寄与率（p.57 で定義されているような寄与率）を求めるには，"contr" をその合計（すなわち固有値の正の平方根）で割る必要がある[†2]．

の拡張に合わせて，データ分析やCRM（顧客関係管理）における課題解決策を提供するCoheris社が開発してきた．

　SPADにより，多様な環境下（Hadoopなど）で，**一貫したデータ分析処理**[5] が可能になる．すなわち，強力なグラフィカルデータ視覚化手法はもとより，データ入力，データ・マイニング，データ探索，幾何学的データ解析，データ・モデリング，予測モデルなどの処理が系統的に実行できる．こうしたソフトウェアを用いてただちに処理を行うことでデータの変化する様子を即時的に観察できることは非常に有用である．

　多重対応分析に関しては，SPADの利用者は，個体と質問（変数）への重み付け，通常の多重対応分析と限定多重対応分析の両方について，固有値，修正分散率，主座標，寄与率，追加要素，検定値を算出できる．すべての数値結果は，Excelの環境に還元されるので，結果に基づいて追加の計算を行いやすい．個体の雲およびカテゴリーの雲に関して，また，軸を解釈するための部分雲に関しても，可読性が高いグラフを対話的な方法で描いてくれる．

　さらに，SPADの内部メソッドにより，SPADから**Rスクリプト**（および**Javaスクリプト**）を読み込んで実行することができる．この機能を使いやすくするために，Rコードから呼び出すパラメーター・インターフェースが利用可能である．周知のように，R上の機能は，データ管理を行うのが難しい場合が多い．このインターフェース化されたスクリプトは，利用者のこうした問題を軽減することを目的としている．さらに，Rスクリプトによって生成されたデータはそのままSPADに転送できるため，そのあとに必要な分析（グラフィックス処理など）で利用可能となり，またそれらの結果を用いて，Excelレポートを作成することもできる．

　注意　本書の第1著者のウェブサイト[6]で，「嗜好の調査」のデータセット，SPADを用いて多重対応分析を実行するための手引き，他のパッケージに関する情報，それに第1章，第3章，第4章にある多数のグラフのカラー版を含むpdfファイルを閲覧できる．

付録の訳注

†1 本書では行列やベクトルを示すときに，その大きさ（size）を以下の例のように記している．たとえば，「大きさが $L \times L$ の単位行列」は「$L \times L$ の単位行列」とし，「大きさが $I \times K$ の行列」は「$I \times K$ の行列」とする．「大きさが $K \times K$ の対角行列」は「$K \times K$ の対角行列」とする．さらに，「大きさが $I \times 1$ の列ベクトル」は「$I \times 1$ の列ベクトル」と表す．

†2 ここで「1000」とあるのは千分率を使うということ．

†3 主座標の布置図を描画する際に，縦軸と横軸それぞれの比を保持したまま拡大・縮小すること，縦軸と横軸に関して同じ縮尺とすることをいう．第1章の p.9 および訳注を参照．

†4 SPAD（Systeme Portable pour l'Analyse des Données）は社会調査などのデータ解析に適したソフトウェア．www.coheris.com/en/data-mining-software を参照のこと．

†5 原文は "a process of *chain of analyses*" とあるので，これを「一貫したデータ分析処理」とした．このページの《SPAD により，…》から最後の段落までは，著者（Le Roux 氏）から提供された新たな情報により書き替えられた．その文章の中に "a process of *chain of analyses*" とあるので，これを「一貫したデータ分析処理」とした．

†6 著者から以下のウェブサイト情報の提供があった．
http://helios.mi.parisdescartes.fr/~lerb/livres/MCA/MCA_en.html

参考文献

Benzécri, J.-P. (1969). Statistical analysis as a tool to make patterns emerge from data. In Watanabe, S. (Ed.), *Methodologies of Pattern Recognition* (pp. 35–74). New York: Academic Press.

Benzécri, J.-P. (1982). *Histoire et Préhistoire de l'Analyse des Données.* Paris: Dunod.

Benzécri, J.-P. (1992). *Correspondence Analysis Handbook.* New York: Dekker. (Adapted from J.-P. Benzécri & F. Benzécri, 1984)

Benzécri, J.-P., et al. (1973). *L'Analyse des Données. Vol. 1: Taxinomie. Vol. 2: Analyse des Correspondances* [Data Analysis. Vol. 1: Taxinomy. Vol. 2: Correspondence Analysis]. Paris: Dunod.

Blasius, J., Lebaron, F., Le Roux, B., & Schmidtz, A. (Eds.). (2019). *Empirical Investigations of Social Space.* Cham, Switzerland: Springer. https://www.springer.com/gp/book/9783030153861/

Bourdieu, P. (1979). *La Distinction: Critique Sociale du Jugement.* Paris: Editions de Minuit (English translation: *Distinction* (1984). Boston: Harvard University Press)
（石井洋二郎（訳）（1990）.「ディスタンクシオン－社会的判断力批判（Ⅰ，Ⅱ）」（藤原書店））

Bourdieu, P. (1999). Une révolution conservatrice dans l'édition. *Actes de la Recherche en Sciences Sociales,* No.126–127, 3–28 (A conservative revolution in publishing. 2008. *Translation Studies, 1*, 123–153.)

Bourdieu, P. (2001). *Science de la Science et Réflexivité. Cours du Collége de France 2000–2001.* Paris: Liber.
（加藤晴久（訳）（2010）.「科学の科学－コレージュ・ド・フランス最終講義」（藤原書店））

Bourdieu, P. & Saint-Martin M. (1976). Anatomie du goût, *Acts de la Recherche en Sciences Sociales*, **2**(5), 1–110.

Burt, C. (1950). The factorial analysis of qualitative data. *British Journal of Statistical Psychology*, **3**(3), 166–185.

Chiche, J., Le Roux, B., Perrineau, P., & Rouanet, H. (2000). L'espace politique des électeurs français à la fin des années 1990 [The French electoral space at the end of the 1990s]. *Revue Française de Sciences Politiques*, **50**(3), 463–487.

Clausen, S. E. (1998). *Applied Correspondence Analysis: An Introduction* (QASS Series). Thousand Oaks, CA: Sage.
（藤本一男（訳・解説）（2015). 「対応分析入門 – 原理から応用まで」（オーム社））

Cramér, H. (1946). *Mathematical Methods of Statistics*. Princeton, NJ: Princeton University Press.
（H. クラメール（著），池田貞雄（監訳），前田功雄，松井敬（訳）（1972, 1973). 「統計学の数学的方法 (1)，(2)，(3)」（東京図書））

Edgington, E. S., & Onghena, P. (2007). *Randomization Tests*, fourth edition. London: Chapman & Hall.

Fisher, R. A. (1940). The precision of discriminant functions. *Annals of Eugenics*, **10**(1), 422–429.

Freedman, D., & Lane, D. (1983). A nonstochastic interpretation of reported significance levels. *Journal of Business and Economic Statistics*, **1**(4), 292–298.

Gifi, A. (1990). *Nonlinear Multivariate Analysis*. Chichester, UK: Wiley. [Adapted from A. Gifi, 1981]

Greenacre, M. (1984). *Theory and Applications of Correspondence Analysis*. London: Academic Press.

Greenacre, M. (1993). *Correspondence Analysis in Practice*. London: Academic Press.

Greenacre, M., & Blasius, J. (Eds.). (2006). *Multiple Correspondence Analysis and Related Methods*. London: Chapman & Hall.

Guttman, L. (1941). The quantification of a class of attributes: A theory and method of scale construction. In Horst, P. (with collaboration of Wallin, P. & Guttman, L.) (Ed.), *The Prediction of Personal Adjustment* (pp. 319–348). New York: Social Science Research Council.

Hayashi, C. (1952). On the prediction of phenomena from qualitative data and the quantification of qualitative data from the mathematico-statistical point of view. *Annals of the Institute of Statistical Mathematics*, **3**(2).

Hjellbrekke, J., Le Roux, B., Korsnes, O., Lebaron, F., Rosenlund, L., & Rouanet, H. (2007). The Norwegian field of power anno 2000. *European Societies*, **9**(2), 245–273.

Kendall, M. G., & Stuart, A. (1973–1984). *The Advanced Theory of Statistics* (Vols. 1–3). London: Griffin.

Lebaron, F. & Le Roux, B. (Eds.). (2015). *La Méthodologie de Pierre Bourdieu en Action: Espace Cultured, Espace Social et Analyse des Données*. Paris: Dunod.

Le Roux, B. (2014). *Analyse Géométrique des Données Multidimensionnelles*. Paris: Dunod.

Le Roux, B., Bienaise, S., & Durand J.-L. (2019). *Combinatorial Inference in Geometric Data Analysis*. London: Chapman & Hall/CRC.

Le Roux, B. & Rouanet, H. (2013). Geometric data analysis of gifted students' individual differences, Chapter 3 of part I. In Suppes, P. (ed.), *Individual Differences in Online Computer-based Learning: Gifted and Other Diverse Populations* (pp.129–157). Stanford, CA: CSLI Publications. https://web.stanford.edu/group/cslipublications/cslipublications/site/9781 575866246.shtml

Le Roux, B. & Rouanet, H. (2004). *Geometric Data Analysis. From Correspondence Analysis to Structured Data Analysis* (Foreword by P. Suppes). Dordrecht, the Netherlands: Kluwer–Springer.

Le Roux, B., Rouanet, H., Savage, M., & Warde, A. (2008). Class and cultural division in the UK. *Sociology*, **42**(6), 1049–1071.

Lebart, L. (1975). L'orientation du dépouillement de certaines enquêtes par l'analyse des correspondances multiples [The orientation of the analysis of some surveys using multiple correspondence analysis]. *Consommation*, No.2, 73–96.

Lebart, L., & Fénelon, J.-P. (1971). *Statistique et Informatique Appliquées* [Applied Statistics and Informatics]. Paris: Dunod.

Lebart, L., Morineau, A., & Warwick, K. M. (1984). *Multivariate Descriptive Statistical Analysis: Correspondence Analysis and Related Techniques for Large Matrices*. New York: Wiley.
（大隅昇，L. ルバール，A. モリノウ，K.M. ワーウィック，馬場康維 （1994）.「記述的多変量解析」（日科技連出版社））

Murtagh, F. (2005). *Correspondence Analysis and Data Coding with Java and R*. London: Chapman & Hall.

Rouanet, H. (2006). The geometric analysis of structured Individuals × Variables tables. In Greenacre, M. & Blasius, J. (Eds.), *Multiple Correspondence Analysis and Related Methods* (pp.137–159). London: Chapman & Hall.

Rouanet, H., Ackermann, W., & Le Roux, B. (2000). The geometric analysis of questionnaires: The lesson of Bourdieu's La Distinction. *Bulletin de Méthodologie Sociologique, 65*, 5–18. Retrieved September 1, 2009, from http://helios.mi.parisdescartes.fr/lerb/publications/LessonDistinction.html https://www.researchgate.net/publication/240967282_The_Geometric_Ana lysis_of_Questionnaires_the_Lesson_of_Bourdieu%27s_La_Distinctio

Rouanet, H., Bernard, J.-M., Bert, M. C., Lecoutre, B., Lecoutre, M. P., & Le Roux, B. (1998). *New Ways in Statistical Methodology: From Significance Tests to Bayesian Methods*. Bern, Switzerland: Peter Lang.

Shepard, R. N. (1962). The analysis of proximities: Multidimensional scaling with an unknown distance function. *Psychometrika, 27*, 125–139, 219–246.

Weller, S. C., & Romney, A. K. (1990). *Metric Scaling: Correspondence Analysis*. Newbury Park, CA: Sage.

翻訳版への追加参考文献

海外文献

Bastin, Ch., Benzécri, J.-P., Bourgarit, Ch., & Cazes, P. (1980). *Pratique de l'Analyse des Données*, Paris: Dunod.

Cailliez, F. & Pagès, J. (1976), *Introduction à l'Analyse des Données*, Smash.

Chatfield, C. (1995). *Problem Solving - A Statistician's Guide*, second edition. London: Chapman &Hall/CRC.

Cumming, G. (2014). The new statistics: Why and how, *Psychological Science*, **25**(1), 7–29.

Escofier, B. & Pagès, J. (1990). *Analyses Factorielles Simples et Multiples – Objectifs, Méthodes et Interprétation* -. 2ème édition. Paris: Dunod.

Everitt, B.S., Landau, S., Leese, M. & Stahl, D. (2011). *Cluster Analysis*, fifth edition. Wiley Series in Probability and Statistics, John Wiley & Sons.

Everitt, B.S. (1977). *The Analysis of Contingency Tables* (second edition), Monographs on Statistics and Applied Probability 45, London: Chapman & Hall.

Everitt, B.S. & Dunn, G. (2001). *Applied Multivariate Data Analysis*, Arnold.

Everitt, B.S. & Wykes, T. (1999). *Dictionary of Statistics for Psychology*, London: Arnold.

Fisher, R.A. (1935). *The Design of Experiments*. Oliver and Boyd.
（遠藤健児，鍋谷清治（訳）（1971).「実験計画法」（森北出版））

Fisher, R.A. (1936) "The coefficient of racial likeness" and the future of craniometry, *The Journal of the Royal Anthropological Institute of Great Britain and Ireland*, **66**, 57–63.

Gordon, A.G. (1999). *Classification*, second edition. Monographs on Statistics and Applied Probability 82, London: Chapman & Hall/CRC.

Gower, J. & Hand, D.J. (1996). *Biplots*, Monographs on Statistics and Applied Probability 54. London: Chapman & Hall.

Gower, J., Lubbe, S.G., & Le Roux, N.J. (2011). *Understanding Biplots: Methods and Applications of Biplots*. Chichester UK: John Wiley & Sons.

Greenacre, M. (2007). *Correspondence Analysis in Practice*, second edition. Boston: Chapman & Hall/CRC.

Greenacre, M. (2016). *Correspondence Analysis in Practice*, third edition. Boston: Chapman & Hall/CRC.
（藤本一男（訳）（2020).「対応分析の理論と実践 − 基礎・応用・展開」（オーム社））

Hjellbrekke, J. (2019). *Multiple Correspondence Analysis for the Social Sciences*, New York: Routledge.

Jambu, M. (1989). *Exploration Informatique et Statistique des Données*. Paris: Dunod.

Lance G.N. & Williams, W.T. (1967). A general theory of classificatory sorting strategies: I. Hierarchical systems, *Computer Journal*, **9**(4), 373–380.

Lebart, L., Salem, A., & Berry, L. (1998). *Exploring Textual Data*. Dordrecht, the Netherlands: Kluwer Academic Publishers.

Lebart, L., Morineau, A., & Piron, M. (1995). *Statistique Explortoire Multidimensionnelle*, Dunod.

Lebart, L., Morineau, A., & Fénelon, J.-P. (1982). *Traitment des Données Statistiques*, Dunod.

Volle, M. (1985). *Analyse des Données*, 3ème édition, Paris: Economica.

Wasserstein, R. & Lazar, N. A. (2016). The ASA Statement on *p*-values: Context, process, and purpose, *The American Statistician*, **70**(2), pp.129–133.

Williams, W.T. & Lance G.N. (1977). Hierarchical classificatory methods. In Enslein, K., Ralston, A., & Wilf, H.S. (eds), *Statistical Methods for Digital Computers Volume III of Mathematical Methods for Digital Computers* (pp.269–295), John Wiley & Sons.

国内文献

足立浩平, 村上隆（2011).「非計量多変量解析法 主成分分析から多重対応分析へ」, 日本行動計量学会（編）シリーズ〈行動計量の科学 9〉, 朝倉書店.

磯直樹（2020).「認識と反省性: ピエール・ブルデューの社会学的思考」, 法政大学出版局.

大隅昇（1989）.「統計的データ解析とソフトウェア」, 日本放送出版協会.

特集「数量化理論の現在」,「社会と調査」, No.9, 2012 年 9 月.（*）ここに, 6 編の研究報告がある. https://jasr.or.jp/wp/asr/asrpdf/asr9/asr09_020.pdf

竹内啓（編）（1989）.「統計学辞典」, 東洋経済新報社.

中島義明, 安藤清志, 子安増生, 坂野雄二, 繁桝算男, 立花政夫, 箱田裕司（編）（1999）.「心理学辞典」, 有斐閣.

林知己夫（1977）.「データ解析の考え方」, 東洋経済新報社.

林知己夫（1993）.「数量化 – 理論と方法 –」, 朝倉書店.

林知己夫（2001）.「データの科学」, 朝倉書店.

P. ブルデュー（著）, 石崎晴己, 東松秀雄（訳）（1997）.「ホモ・アカデミクス」（ブルデュー・ライブラリー）藤原書店.

P. ブルデュー（著）, 加藤晴久（訳）（2010）.「科学の科学 – コレージュ・ド・フランス最終講義」, 藤原書店.

P. ブルデュー（著）, 立花英裕（訳）（2012）.「国家貴族 – エリート教育と支配階級の再生産（Ⅰ, Ⅱ）」（ブルデュー・ライブラリー）藤原書店.

P. ブルデュー（著）, 田原音和, 水島和則（訳）（1994）.「社会学者のメチエ – 認識論上の前提条件」, 藤原書店.

P. ブルデュー（著）, 田原音和（監訳）, 安田尚, 佐藤康行, 小松田儀貞, 水島和則, 加藤眞義（訳）（1991）.「社会学の社会学」, 藤原書店.

P. ブルデュー（著）, 山田鋭夫, 渡辺純子（訳）（2006）.「住宅市場の社会経済学」（ブルデュー・ライブラリー）藤原書店.

T. ベネット, M. サヴィジ, E. シルビア, A. ワード, M. ガヨ＝カル（著）, 磯直樹, 香川めい, 森田次朗, 知念渉, 相澤真一（訳）（2017）.「文化・階級・卓越化」（ソシオロジー選書）, 青弓社.

村上隆（2012）. 数量化Ⅲ類と多重対応分析,「社会と調査」, No.9, 2012 年 9 月, 48–62.

森本栄一（2012）. 数量化理論の形成,「社会と調査」, No.9, 2012 年 9 月, 5–16.

用語集

● **4分点相関係数**(tetrachoric-point correlation, tetrachoric-point correlation coefficient)

4分点相関係数とは「2 × 2分割表」に対するΦ係数（ファイ係数）のことをいう．いま，下の表にあるような2 × 2分割表を考える．ここで，a, b, c, d はそれぞれのセルにおける度数であり，$n = a + b + c + d$（全度数）である．

項目と選択肢		項目 B		合計
		B_1	B_2	
項目 A	A_1	a	b	$a + b$
	A_2	c	d	$c + d$
合計		$a + c$	$b + d$	n

このとき，4分点相関係数（Φ）は以下のようになる．

$$\Phi = \frac{ad - bc}{\sqrt{(a + b)(c + d)(a + c)(b + d)}}$$

したがって，2 × 2分割表に対するカイ二乗統計量（χ^2）と平均平方関連係数（Φ^2）の関係は以下のように表される．

$$\Phi^2 = \frac{\chi^2}{n} = \frac{(ad - bc)^2}{(a + b)(c + d)(a + c)(b + d)}$$

竹内（編）（1989，p.345），中島他（編）（1999，p.360）を参照．

→ 平均平方関連係数

● **Jurt 指標**（Jurt index）

本書の著者からの私信によると，「Jurt指標」（Jurt index）とは，教科書や辞書などの集積資料（コーパス）に含まれる出版社の引用数を計数・分類すること（これは統計学者ではなく社会学者が行う）で得られる指標のことをいう．統計学者ら（Bouedjah, Rouanet, LeRoux）は，社会学者ら（Bourdieu, Christin）の意見を勘案したうえで，引用数の統計的分布に基づいてカテゴリー化することを提案した．本書の分析では，このうちの3つのカテゴリーのみを選択している．この3つのカテゴリーとは，Jurt1 は「引用なし」，Jurt2 は「引用が少ない」，Jurt3 は「引用が多い」

である.

なお，Bourdieu（1999）の英訳（Fraser 2008, p.131）では，以下のように説明されている.

«蓄積された象徴資本を評価するため，現代フランス文学の著者に関するJoseph Jurtによる一覧をもとに作成した「指標」のこと．その一覧では，28冊の書籍に引用された回数に従って，著者などが分類されている．これら28冊の書籍は，第2次世界大戦後に出版された，文学に関する教科書，辞典，および，その他の文学史である．その一覧から，もっとも頻繁に引用されている80の作品を決めた．それら80人の作家のいずれか1人が書いた著作1冊ごとに，評点を与えた．こうして，3（44社），100〜350（7社），351以上（5社）の3つのカテゴリーに分けて変数とする指標（Jurt Index）を作った．» 注：「3」は「0」（引用なし）となるべきだが原文のままとした.

● アイテム・カテゴリー型データ
⟶ 指示行列，インジケータ行列

● アクティブな（active），アクティブな要素（active element），アクティブな個体（active individual），アクティブな変数（active variable），アクティブなカテゴリー（active category），追加要素（supplementary element），追加個体（supplementary individual），追加変数（supplementary variable），追加カテゴリー（supplementary category）

主軸を算出する際に用いる要素を「アクティブな要素」という．「要素」としては，個体，質問（変数），カテゴリーがある．「アクティブ」に対して，「追加」（supplementary）と「消極的」（passive）がある．アクティブな要素とは，列和や行和の計算にも含まれるし，特異値分解の計算にも含まれる要素のことをいう.

主軸の算出には一切用いないが，アクティブな要素を用いて求めた主軸に射影される要素（個体や変数）のことを「追加要素」という．たとえば，意識・態度に関する調査データの質問（変数）をアクティブな要素として求めた主軸に対して，属性（年齢や性別など）を追加変数として射影する場合など.

「消極的要素」とは，列和もしくは行和の計算には含めるが，特異値分解からは除く要素のことをいう．たとえば，指示行列において行和の算出には用いるが，特異値分解には含めないカテゴリーのことを「消極的なカテゴリー」という．これに対して，指示行列における列和の算出に用い，特異値分解にも含めるカテゴリーは「アクティブなカテゴリー」となる.

主座標で外れ値となりやすい欠測値カテゴリー，低頻度のカテゴリーなどを消極的カテゴリーとして処理することが考えられる.

● 因子分析 （factor analysis）

"factor analysis" は，通常，日本語では「因子分析」と訳される．これのフランス語は "analyse factorielle" であるが，フランス語圏では，これを次のように考えている．とくに Benzécri の主張するフランス流の「データ解析」（Analyse des Données）では，"analyse factorielle" という語句を，主に主成分分析，対応分析，多重対応分析を説明する際に用いていた．

Benzécri は，"analyse factorielle" を，座標変換による合成指標である「主座標」（principal coordinate）を求める主成分分析の意味で用いている．Benzécri は，当初は対応分析のことを，"analyse factorielle des correspondances（AFC）"（対応のある因子分析）と呼んでいた．その後，"analyse des correspondances（AC）" つまり「対応分析」と呼ぶようになった．

本書では，対応分析で得られる合成指標のことを主座標としたが，これを "factor"（成分あるいは成分スコア；フランス語では "facteur"）と呼ぶこともある（たとえば Murtagh（2005））．

なお，フランスでは，対応分析や多重対応分析をはじめ，その他の独自に考えた手法や，主成分分析，主座標分析，正準相関などを含む多変量解析的な手法を "Méthodes Factorielles"（英語では "factorial methods"）として扱うこともある（Lebart et al.（1982, 1995），Jambu（1989）などを参照）．

上述のように "analyse factorielle" をそのまま英語に訳すと "factor analysis"，つまり日本語では「因子分析」となる．しかし，日本で「因子分析」という場合は，通常，探索的因子分析（EFA：exploratory factor analysis）を指すことが多い．探索的因子分析は，所与のデータの背後にいくつかの少数の潜在因子があると仮定し，その潜在因子からの因子負荷量を推定することに力点がある．この点で，フランス流の「データ解析」とは意味が違う．

⟶ データ解析，主座標

● 界 （field）

フランスの社会学者である Pierre Bourdieu（ピエール・ブルデュー）が提唱した概念の1つ．これをフランス語では "champ" と記すが，日本語では「界」や「場」と訳すことが多い．「界」をはじめ本書の第6章にある「権力界」といった概念を，短い言葉で簡潔に説明することは難しい．以下に挙げるような書籍を参考にするとよいだろう．

たとえば，磯（2020）の第4章および第5章には，「界」および「権力界」についての，歴史的な変遷が紹介されている．また，同書の125～133ページで，本書の原著にある統計的分析との関係に触れた記述もある．

この他，石井（訳）（1990）の第I巻「本書を読む前に」の訳者による用語解説でも簡潔に紹介されている．田原（監訳）（1991）の143〜153ページなどにも説明がある．

- **カイ二乗統計量・χ^2統計量（χ^2 statistic, chi-squared statistic），カイ二乗値（chi-squared value），カイ二乗分布（chi-squared distribution）**

2元分割表（あるいは2元クロス表）の行と列に対応する2つの質的変数（IとJ）が独立であるという仮定（帰無仮説）のもとで，この分割表の各セルの期待度数と観測度数（実現度数）とがどれだけずれているか統計的に検定することを「独立性の検定」という．このときに用いる統計量の1つに，カイ二乗統計量がある．

いま，r行，c列からなる2元分割表を考える．この分割表の第(i, j)セル内の観測度数（実現度数）をO_{ij}，期待度数をE_{ij}で表す．各セルのカイ二乗値$\left(O_{ij} - E_{ij}\right)^2 / E_{ij}$を求め，これらをすべてのセルについて合計して得られる次のχ^2をカイ二乗統計量という．またこの統計量の実現値のことをカイ二乗統計値という．

$$\chi^2 = \sum_{i=1}^{r} \sum_{j=1}^{c} \frac{\left(O_{ij} - E_{ij}\right)^2}{E_{ij}}$$

このとき一般に，カイ二乗統計量の分布（離散的な確率分布）は，自由度が$d.f. = (r-1)(c-1)$のχ^2分布（連続的な確率分布）に近似するという性質を用いて検定を行う．

このカイ二乗統計量は，対応分析では非常に重要な役割を果たす．2元分割表に対応分析を適用して得られる固有値の総和（全慣性）$\sum_{l=1}^{L} \lambda_l$ $(L = \min(r, c) - 1)$とカイ二乗統計量および平均平方関連係数（Φ^2）の間には次のような重要な関係がある．

$$\Phi^2 = \frac{\chi^2}{n} = \sum_{l=1}^{L} \lambda_l \quad （ここで，n は，2元分割表の全度数）$$

なお，カイ二乗統計量（χ^2）は，一般にモデルと観測値とのずれを測る指標として用いられる．たとえば，多元クロス表の分析法の1つである対数線形モデル（log-linear model）でも，このカイ二乗統計量を用いてモデル評価を行う．

Everitt (1977)，Everitt と Wykes (1999) を参照のこと．

⟶ 分割表，2元分割表，平均平方関連係数

- **回答（response），回答パターン（response pattern），典型的な回答パターン（typical response pattern），架空の回答パターン（fabricated response pattern）**

"response" を，一般に「反応」「応答」などと訳す．また，社会調査においては，

回答者の「回答」のことをいう．「回答パターン」（response pattern）とは，ある回答者が，各変数（質問）についてどの選択肢を選んだか，その回答の選択肢の組み合わせが示すパターン（特徴）のこと．たとえば，表1.1（p.8）の「個体×質問項目」のデータ表にあるように，ある個体（回答者）がどの番組を選んだかを示す情報のこと．

⟶ 数量化法，指示行列，インジケータ行列

● カテゴリカル変数（categorical variable），質的変数（quantitative variable），カテゴリー（category），選択肢（option, choice），モダリティ（modality）

カテゴリカル変数とは質的変数のこと．具体的には測定値が質的データ（名義尺度，順序尺度）である変数のこと．場合によっては，文字・画像・音声などを加工することで得られた定性情報も含む．「カテゴリー」は「分類区分」のことを指す．「モダリティ」はフランス語の"modalité"に当たる語．「モダリティ」は，一般にありさまや様相を意味するが，ここでは，カテゴリーと同義であり，ある質問の選択肢，もしくはある変数がとりうるカテゴリーを意味する．また，調査票の質問文の選択肢（option, choice）の意味で用いることもある．

⟶ データ

● カテゴリーの雲（cloud of categories）

ある質問のカテゴリー（選択肢）を「点」として構成した点雲のこと．図として描いたとき，各カテゴリーを点として表示する．その点の座標は，多重対応分析で得られた主座標であり，該当するカテゴリーの度数を重みとしてもつ．

⟶ カテゴリー，点雲，点，主座標

● 間雲（between-cloud）と重み付きの雲（weighted cloud），質問 q 間雲（between-q cloud）

「間雲」とは，部分雲の平均点の集合のこと．間雲に属する点の座標は平均点であり，その「重み」は該当する部分雲に属する点の個数（個体数，標本の大きさ）である．「重み付きの雲」とは，その雲に属する点が1以外の重みをもつ場合の雲のことをいう．「質問 q 間雲」とは，第 q 番目の質問のカテゴリーで構成された間雲であり，主座標の各カテゴリーの平均点がその間雲の座標となる．

⟶ 点雲，部分雲，平均点

● 慣性（inertia），全慣性（total inertia），慣性モーメント（moment of inertia）

「慣性」とは分散の別称．物理学における慣性モーメントは，統計学の分散に相当する．Benzécriが「慣性」という語句を好んで用いたことで，フランス流のデー

タ解析では分散を指すのにこの語句が多用される．また，対応分析法や多重対応分析では，固有値がこの分散に相当する．分散の和（全分数）を「全慣性」という．

⟶ ホイヘンスの定理，雲全体の分散

● **完全な雲（full cloud）**

所与のデータがもつすべての次元を用いて表現された雲のこと．一方，3次元以上のデータから2次元上に描画された雲は，完全な雲を低次元に射影した雲であり，近似にすぎない．

⟶ 点雲

● **幾何学的データ解析（GDA：geometric data analysis）**

幾何学的な解釈に基づき，データを分析する枠組みの総称．主成分分析，対応分析，多重対応分析などの多変量データ解析手法を用いる．特徴は，これらを幾何学的に解釈することにある．

⟶ 帰納的データ解析

● **擬似的な共通コーディング（quasi-universal coding）**

調査分析で扱うデータは，多くの場合質的データ（質的変数）と量的データ（量的変数）が混在している．こうした変数の取りうる値を実際の調査課題の目的に合わせて調整し，具体的な調査票（questionnaire）の形に整える操作を擬似的な共通コーディングという．Murtagh (2005)，Bastin et al. (1980) を参照．

⟶ 事前のコーディング

● **記述統計（descriptive statistics），推測統計（inductive statistics, inferential statistics）**

「記述統計」は，多くの場合「推測統計」に対比される．データ（観測値，測定値）を度数分布などで要約したり，平均値や分散などの統計量（統計値）を求めてデータの特徴を調べることは「記述的」である．一方，得られたデータをもとに，現在の標本の元となった母集団の特性（母集団特性値）を推定したり検定することは「推測的」である．

● **帰納主義（sprit of inductive philosophy），帰納的データ解析（IDA：inductive data analysis），演繹的推論（deductive inference），演繹的アプローチ（deductive approach）**

適切な方法で収集したデータに基づいて経験的に理論やモデルを構築するという立場のことを「帰納主義」という．「帰納」とは「演繹」に対比する概念である．
帰納的な視点に立って探索的・発見的に統計分析・データ解析を進めるという立

場をとることを「帰納的データ解析」という．大まかには次のような手順を踏む．まず，当該の課題に合った「"適切な"データ収集方式」("relevant" data collection mode）を用いてデータを集める．次に，集めたデータに基づき，そのデータの特徴を記述的かつ探索的に調べ，仮説を見つける（仮説発見）．そしてそれら仮説の説明・解釈に役立つ統計的モデルを構築する．こうした一連の過程を「帰納的アプローチ」（inductive approach）という．これに対して，ある確率モデルに基づいて確率的な振る舞いを吟味・検証することを「演繹的なアプローチ」（deductive approach）という．Chatfield (1995) を参照．

→ 幾何学的データ解析

● 凝集型階層分類法（AHC：ascending hierarchical clustering, agglomerative hierarchical clustering）

分類対象，たとえば個体の似たものどうしを順に階層的に併合するクラスター化を行う方法の総称．

個々の個体を大きさが1のクラスターとみなし，クラスター間の類似性が大きいもの，あるいは非類似性（離れ具合）が小さいものから順に最後に1つのクラスター（つまり全個体）となるまで併合を繰り返す．この操作を行うためには，個体間の類似性または非類似性を測る指標（類似度や非類似度）を決め，そして，個体あるいはクラスターを併合するための規則（アルゴリズム）を設けることが必要である．全体の併合過程は階層構造の樹形図（デンドログラム）として要約される．樹形図を適当な位置で切断して，クラスター数を決める．また，作られたクラスターが，分析者の目的・意図に合った分類かを評価する指標（評価基準）も必要である．用いる類似度・非類似度や結合の規則は多種多様である．結合の規則として，単連結法（最短距離法），完全連結法（最長距離法），群平均法，重心法，メジアン法，ウォード法などがある．Lance と Williams の提唱した「組み合わせ的方法に対する再帰的公式」（Recurrence formula for agglomerative methods）を用いると，結合ごとにクラスター間距離を再計算する必要がないので多くのソフトウェアでこの方式が用いられている．Lance と Williams（1967），Williams と Lance（1977）を参照のこと．

● 雲全体の分散（variance of a cloud），雲の分散（overall variance）

本書では，ある雲の示す変動の大きさのこと，つまり「雲の分散」を，V_{cloud} という記号で表している．この分散を「慣性」ともいう．なお，表記の文脈の都合で「雲全体の分散」「雲の分散」「部分雲の分散」「総分散」「全分散」といろいろな表記が登場するが，これらはいずれも同じ意味で用いられている．p.143の付録にある記号の説明を参照．

→ 慣性

● **雲に対する点の寄与率**（contribution of the point to the cloud）：Ctr

　ある点が雲の全分散に寄与する割合のこと．本書では，これを記号「Ctr」で表している．本書の付録にある記号の説明を参照（p.143）．

● **クラスター化法，クラスター分析**（clustering, cluster analysis）

　たとえばいま，分類対象として個体の集まりを考える．「クラスター化法」とは，各個体の観測値を用いて，ある分類基準のもとで，できるだけ「似たものどうし」を集めて群（クラスター，集落）として分類する手法の総称．分類基準として，類似度，非類似度（例：距離），等質性の基準（例：平方和や分散）などが用いられる．具体的な分類手法としては，たとえば，階層的分類法（凝集型，分枝型），k-means 法（k-平均法），混合分布などがある．たとえば，Everitt et al. (2011), Gordon (1999)，大隅（1989）などを参照．

→ 凝集型階層分類法，分散基準

● **群内寄与率**（within-contribution）：$\mathrm{Ctr}_{\mathrm{within}-C}$

　群内分散を全分散で割った値のこと．群内寄与率は，(1−相関比の二乗) = $(1-\eta^2)$ に等しい．

→ 相関比，群間寄与率

● **限定雲**（specific cloud）

　「限定雲」とは，限定多重対応分析によって得られた雲のこと．

→ 点雲，限定多重対応分析

● **限定多重対応分析**（SpeMCA：specific MCA），**集団限定多重対応分析**（CSA： Class Specific Analysis）

　分析から除外したい列を，指示行列の行和の計算時には含めるが，特異値分解のときに，その列を除外して計算するような分析手順を，「限定多重対応分析」と呼ぶ．一般に多重対応分析を行うと，欠測値や低頻度のカテゴリーが結果に大きく影響する場合がある（たとえば，布置図の中で外れ値となる）．そのような場合，それらの列を除外して分析するという手順が考えられる．このとき，該当の行全体は除外しないことが限定多重対応分析の特徴である．

　また，分析から除外したい行を，指示行列の列和を計算するときには含めるが，特異値分解のときには，その行を除外して計算する分析手順を「集団限定多重対応分析」と呼ぶ．

　集団限定多重対応分析は，「特定の集団」に限って観察したい場合に有用である．

この際，その特定の集団だけを分析対象データとして通常の多重対応分析を行うのではなく，列和の計算にはすべてのデータを用いる点が，集団限定多重対応分析の特徴である．

⟶ 限定雲

- **検定統計量（test statistic），検定値（test value）**

  検定値とは，ある検定統計量について，データから得た実際の値のこと．

- **交互作用雲（interaction cloud），加法雲（additive cloud），平均効果内効果（average within-effect），構造効果（structure effect）**

  たとえば，「年齢区分」と「性別」という2つの構造化因子があるとする．このとき性別の傾向（ベクトル効果）が年齢区分により異なるような場合を「交互作用効果がある」という．そして，年齢区分と性別との各組み合わせの平均点の集合を「交互作用雲」という．また，交互作用を含まない主効果だけから求めた平均点の集合を「加法雲」という．たとえば，p.106の図4.8左は，加法雲である．

  各年齢区分内における性別効果，もしくは，各性別内における年齢区分効果のことを，「効果内効果」と呼ぶ．また，効果内効果の平均を「平均効果内効果」と呼ぶ．平均効果内効果と，交互作用を含まない場合の主効果が大きく異なる場合を「構造効果がある」という．

  ⟶ 構造化因子

- **構造化データ解析（structured data analysis），構造化データ（structured data），構造化因子（structuring factor）**

  「個体×変数」のデータ表に含まれる変数のうち，多重対応分析で幾何学的空間を求める際には用いない（データ構造に何らかの影響要因となる）変数のことを「構造化因子」という．たとえば人口統計学的要因（性別，年齢区分など）がそれに当たる．こうした変数群を「構造化因子」と呼ぶ．変数のうちのいくつかが構造化因子であるデータを「構造化データ」という．構造化データを扱う幾何学的データ解析を「構造化データ解析」という．

  ⟶ 追加要素，追加変数

- **個体（individual），統計的な意味での個体（statistical individual）**

  原文の"individual"に「個体」の訳を当てた．観測や調査の対象とする要素のうち最小単位の要素のこと．たとえば，調査の回答者など．原書の脚注にもあるように，「個体」は人間の回答者だけではなく，事例，企業，商品，実験単位，期間などのさまざまな要素でありうる．本書ではこれらを「統計的な意味での個体」と記している．

→ データ，データ表

● 個体の雲

個体を点として表した点雲のこと．図として示すときに，各個体を点として表す．座標は，多重対応分析で得られた主座標であり，重みは1である（もしくは，該当する個体と応答パターンがまったく同じである個体の総数である）．

→ 点雲

● コーディング（coding），データ・コーディング（data coding）

多くの場合，データの様相はさまざまである．たとえば，数値だけでなく，文字列，言語情報，ときには音声や画像のこともある．また，データ解析では尺度の概念に従って，データを質的データ（名義尺度，順序尺度）と量的データ（区間尺度，比例尺度）に分けて考えることもある．

こうしたデータの様相に応じて，分析処理に適した状態にデータを数字や記号（コード），あるいは表の形に変換するための技術的な手順のことをコーディング（coding）あるいはデータ・コーディング（data coding）と総称することがある．

コーディングの具体的な内容はさまざまである．質的データの典型的な処理として，調査票の質問項目の選択肢の数を決める，回収後の回答データを観察し選択肢にコードを付与する，選択肢を併合し整える，欠測値を処理する，などがある．また，多重対応分析の重要な操作である，指示行列（インジケータ行列）を作ることもコーディングの1つである．量的データの場合は，たとえばある測定項目について度数分布を作り，これをもとにいくつかの区分に分けてカテゴリー化する（あらたな選択肢を作る）などがある．回答者が報告した実年齢から年齢区分を作る，実所得金額をいくつかの層に分けて所得区分を作るなどはその典型的な例である．

データ解析において，コーディング処理はありふれた操作にみえるが，いいかげんな手順で行ってはならない．たとえば，フランス流のデータ解析では，コーディングの重要な役割として，「等質性」（homogeneity），「完全性」（exhaustivity），「幾何学的表現の再現・忠実度」（fidelity of geometric representation），「処理の普遍性」（universality of processing），「結果の安定性」（stability of results）を考慮することが肝要だとされている．詳しくはMurtagh（2005），Bastin et al.（1980）を参照．

→ データ，コード化

● コード化・符号化（encode）

得られた生データ（観測値，測定値）を，所定の規則（エンコード）で別の形式に変換すること．たとえば，「年齢を10才刻みで丸める」というエンコードに従って変換した場合，「47才8か月」は「40才以上〜50才未満」の区分に入る．

--→ コーディング

● **固有値問題**（eigen value problem），**固有ベクトル**（eigenvector），**固有値**（eigen value）

行列の固有値問題を解くことで得られるベクトルのことを「固有ベクトル」という．ある正方行列 A に対して，$Ax = \lambda x\,(x \neq 0)$ である x が存在するとき，スカラーの λ を A の固有値，x を λ に対する固有ベクトルという．統計学で扱う固有値問題では，多くの場合，行列 A は半正定値の対称行列である．なお通常は，固有値や固有ベクトルは数値計算によって求める．対応分析あるいは多重対応分析は，数理的には所与のデータ表に対して固有値問題あるいは特異値分解を行うことである．

--→ 特異値，特異値分解，雲全体の分散

● **最適尺度法**（optimal scaling）

カテゴリカル変数のとりうる値に対して，何らかの基準に基づき，最適なスコア（評点，数量）を与える方法の総称．たとえば，林の数量化Ⅲ類（数量化理論）も最適尺度法の1つと考えられる．アイテム・カテゴリー型行列（完備型指示行列，インジケータ行列）に対する数量化Ⅲ類の数値的な結果は多重対応分析の標準解と同じになるが，手法の導出に用いた発想が異なる．本書における多重対応分析の場合は，尺度化という発想とは異なり，幾何学的な立場から導出されている．

--→ 多次元尺度構成法

● **座標**（coordinate）

幾何学的な空間における点の位置を示す数値のこと．本書では直交座標系のみを扱っている．

--→ 点，平均点，主座標，数量化得点，スコア，点雲

● **嗜好**（taste），**「嗜好調査」データ**（Taste Example）

"taste" は，「好み」や「味覚」を意味する英語．ここではこれを「嗜好」と訳した．Bourdieu の研究に着想を得て，英国で実施された生活様式に関する調査（Le Roux, Rouanet, Savage, Warde, 2008）がある．本書では，この調査で収集したデータから一部を抜粋した「嗜好調査」データを多重対応分析を説明する例として用いている．

● **指示行列**（disjunctive table），**指示変数**（indicator variable），**インジケータ行列**（indicator matrix）

「個体×質問項目」の2元データ表と指示行列の関係は表3.1の模式図のように

表される．表 3.1 の右側にあるようなデータ表のことを「指示行列」（disjunctive table）という．これを，大隅・ルバール他（1998，pp.321–322），Greenacre（2007，pp.137–138）では，"indicator matrix"（指示行列，インジケータ行列）としている．指示行列に含まれる個々の変数を「指示変数」という．"disjunctive" は直訳すると論理学での「排他的選言」である．フランス語で "forme disjonctive complète" あるいは "tableau disjonctif complet"（英語では "complete disjunctive form"，"complete disjunctive table"，日本語で「完備排反型行列」）ということがある．また，数量化Ⅲ類では，これを「アイテム・カテゴリー型行列」という．

　指示行列と，これから得られるバート行列（あるいはバート表）を具体的な例で説明しよう．

例：次のような，回答者数（個体数）が $n = 20$，質問数が $Q = 3$ からなる 2 元データ表がある．

　ここで，3 つの質問とその選択肢を次のように考える．

質問 A：1. 非常に満足，2. まあ満足，3. 満足でない，4. まったく満足でない

質問 B：1. あり，2. なし

質問 C：1. 多い，2. ふつう，3. 少ない

　得られた回答から上の選択肢コードを用いて「個体×変数（質問項目）」の 2 元データ表（$(I \times Q)$ 表）を作ると以下の表となる．

2元データ表

個体	質問			個体	質問		
	質問 A	質問 B	質問 C		質問 A	質問 B	質問 C
1	1	1	1	11	3	1	3
2	1	1	2	12	3	2	1
3	1	2	1	13	3	2	1
4	2	1	2	14	3	2	2
5	2	1	2	15	3	2	2
6	2	1	3	16	3	2	3
7	2	2	1	17	4	1	3
8	2	2	2	18	4	2	2
9	3	1	2	19	4	2	2
10	3	1	3	20	4	2	3

　この 2 元データ表から，大きさが $n \times K$（ここで行数は $n = 20$，列数は $K = 4 + 2 + 3 = 9$）の以下の指示行列「個体×全カテゴリー数」の $(I \times K)$ 表が得られる．

指示行列（インジケータ行列）Z の例

個体	質問と選択肢									行　和
	質問 A				質問 B		質問 C			
	a_1	a_2	a_3	a_4	b_1	b_2	c_1	c_2	c_3	$(= Q)$
1	1	0	0	0	1	0	1	0	0	3
2	1	0	0	0	1	0	0	1	0	3
3	1	0	0	0	0	1	1	0	0	3
4	0	1	0	0	1	0	0	1	0	3
5	0	1	0	0	1	0	0	1	0	3
6	0	1	0	0	1	0	0	0	1	3
7	0	1	0	0	0	1	1	0	0	3
8	0	1	0	0	0	1	0	1	0	3
9	0	0	1	0	1	0	0	1	0	3
10	0	0	1	0	1	0	0	0	1	3
11	0	0	1	0	1	0	0	0	1	3
12	0	0	1	0	0	1	1	0	0	3
13	0	0	1	0	0	1	1	0	0	3
14	0	0	1	0	0	1	0	1	0	3
15	0	0	1	0	0	1	0	1	0	3
16	0	0	1	0	0	1	0	0	1	3
17	0	0	0	1	1	0	0	0	1	3
18	0	0	0	1	0	1	0	1	0	3
19	0	0	0	1	0	1	0	1	0	3
20	0	0	0	1	0	1	0	0	1	3
列　和	3	5	8	4	9	11	5	9	6	60 $(= nQ)$

いまここで，上の表全体を次のような行列で表す．

$$\underset{20\times9}{\mathbf{Z}} = [\mathbf{Z}_1, \mathbf{Z}_2, \mathbf{Z}_3]$$

ここで，$\mathbf{Z}_1, \mathbf{Z}_2, \mathbf{Z}_3$ は，それぞれ質問 A, B, C に対する大きさが $20\times4, 20\times2, 20\times3$ の行列を表す．

このとき，行列 $\mathbf{Z}$ とその転置行列 $\mathbf{Z}'$ との積を作ると，次のバート行列 $\mathbf{B}$ が得られる．

$$\underset{9\times9}{\mathbf{B}} = \mathbf{Z}'\mathbf{Z} = \begin{pmatrix} \mathbf{Z}'_1\mathbf{Z}_1 & \mathbf{Z}'_1\mathbf{Z}_2 & \mathbf{Z}'_1\mathbf{Z}_3 \\ \mathbf{Z}'_2\mathbf{Z}_1 & \mathbf{Z}'_2\mathbf{Z}_2 & \mathbf{Z}'_2\mathbf{Z}_3 \\ \mathbf{Z}'_3\mathbf{Z}_1 & \mathbf{Z}'_3\mathbf{Z}_2 & \mathbf{Z}'_3\mathbf{Z}_3 \end{pmatrix}$$

この行列の対角ブロック（$\mathbf{Z}'_1\mathbf{Z}_1, \mathbf{Z}'_2\mathbf{Z}_2, \mathbf{Z}'_3\mathbf{Z}_3$）は，各質問の選択肢の周辺度数を対角要素とする対角行列である．また，非対角ブロックには，2つの質問から作った2元クロス表が位置する．たとえば，$\mathbf{Z}'_1\mathbf{Z}_2$ は「質問 A × 質問 B」のクロス表，$\mathbf{Z}'_2\mathbf{Z}_1$

はそれを転置した「質問 B × 質問 A」のクロス表である．他のブロック行列もそれぞれ同じように，$\mathbf{Z}_1'\mathbf{Z}_3$ は「質問 A × 質問 C」のクロス表，$\mathbf{Z}_3'\mathbf{Z}_1$ はそれを転置した「質問 C × 質問 A」…となる．つまりバート行列は対称行列である．

この関係は，質問項目数が増えても同じように成り立つ．一般に大きさが $n \times K$（個体×全カテゴリー数）の指示行列 $\underset{n \times K}{\mathbf{Z}}$ の積 $\mathbf{Z}'\mathbf{Z}$ から得られる大きさが $K \times K$ の対称行列がバート行列 $\underset{K \times K}{\mathbf{B}} = \mathbf{Z}'\mathbf{Z}$ であり「バート表」である．なお，バート表のことを「多重クロス表」（multiple cross-classified table）ともいう．

上の指示行列から作った大きさが (9×9) のバート表（バート行列 B を含む）

質問と選択肢		質問 A				質問 B		質問 C			合　計 (= (選択肢の周辺度数) × Q)
		a_1	a_2	a_3	a_4	b_1	b_2	c_1	c_2	c_3	
質問 A	a_1	3	0	0	0	2	1	2	1	0	9
	a_2	0	5	0	0	3	2	1	3	1	15
	a_3	0	0	8	0	3	5	2	3	3	24
	a_4	0	0	0	4	1	3	0	2	2	12
質問 B	b_1	2	3	3	1	9	0	1	4	4	27
	b_2	1	2	5	3	0	11	4	5	2	33
質問 C	c_1	2	1	2	0	1	4	5	0	0	15
	c_2	1	3	3	2	4	5	0	9	0	27
	c_3	0	1	3	2	4	2	0	0	6	18
合　計		9	15	24	12	27	33	15	27	18	180 (= nQ^2)

なお，指示行列 $\underset{n \times K}{\mathbf{Z}}$（「個体×全カテゴリー数」の表）に対する対応分析の固有値を λ とすると，バート行列 $\underset{K \times K}{\mathbf{B}} = \mathbf{Z}'\mathbf{Z}$（バート表）の対応分析で得られる固有値は λ^2 となる（p.61 を参照）．

また，バート表に対する対応分析から個体の雲（主座標）は算出できないが，指示行列の各個体（行）をバート表に対する「追加要素」として扱うことで，個体の主座標が得られる．またこの主座標は指示行列「個体×全カテゴリー数」の多重対応分析で得られるそれに等しい（p.62 の**注意**を参照）．

⟶ バート表，多重クロス表，コーディング

● **事前のコーディング**（preliminary coding）

　質的変数（名義尺度，順序尺度）の場合には，あるカテゴリー（選択肢）に番号（あるいは標識，符号）を付与する操作をいう（一種の分類操作）．また，複数あるカテゴリーを1つにまとめる操作をプーリングという（たとえば，6個のカテゴリーを4個のそれにまとめるなど）．量的変数（間隔尺度，比例尺度）の場合には，ある変数のヒストグラムなどを観察したあと，ある幅でカテゴリー化（区分分類）する操作をいう．なお「事前のコーディング」については第3章（p.49）に簡単な説明がある．

—→ コーディング

● **質的変数**（qualitative variable）

　質的データ（名義尺度，順序尺度）を変数として扱うこと．

—→ カテゴリカル変数，データ

● **射影雲**（projected cloud）

　「射影雲」とは，1次元や2次元などの低次元の空間に射影された雲のことをいう．

—→ 点雲

● **集中楕円**（concentration ellipse），**慣性楕円**（ellipse of inertia），**指示楕円**（indicator ellipse），**信頼楕円**（confidence ellipse）

　「集中楕円」とは主平面上の部分雲を幾何学的・視覚的に要約する方法の1つ．ある部分雲の集中楕円とは，楕円内に点が一様に分布しているときの分散が，元の部分雲の分散と等しくなるような「慣性楕円」のことである．慣性楕円の呼称は，広く普及した一般的な用語ではないが，たとえばCramér（1946）のp.276にみられる．

　「指示楕円」とは，p.98にある式で，$\kappa = 1$としたときの楕円のことをいう．また，$\kappa = 2$としたときを「集中楕円」という．ここで，定数κの値を変えると，楕円の重心（平均点）を中心にいくつも楕円を等高線のように描くことができる．これらについてはGower et al. (2011)，Le RouxとRouanet (2004)を参照のこと．

　一方，「信頼楕円」とは，ある平均点に対する信頼領域（confidence zone, confidence region）を示す楕円のことを示す．「信頼領域」とは，1次元における信頼区間を2次元以上に拡張した場合をいう．本書では，母集団分布として2変量正規分布を仮定した場合の信頼楕円（p.123）と，近似的な並び替え検定としての典型性検定での信頼楕円（p.123）についての説明がある（両者は漸近的には等価な検定である）．

　たとえば，2変量正規分布を前提にした場合，平均点に対する信頼楕円は，本書のp.98にある式で，$\kappa = 2.4477/\sqrt{n}$（nは標本の大きさ）とすると約95％の信頼領

域，$\kappa = 3.0349/\sqrt{n}$ で約 99 ％の信頼領域となる．

● 主雲 (principal cloud)

⟶ 主座標，点雲

● 主座標 (principlal coordinate)

多重対応分析で得られる「主座標」とは，主軸で構成される主平面上に布置される点の座標のことをいう．ある主軸の主座標を，その標準偏差（特異値）で標準化した座標のことを「標準座標」という．つまり，主座標では分散が固有値に等しいのに対して，標準座標では分散が1に標準化されている．

多重対応分析の標準座標は，数量化Ⅲ類では，「スコア」「数量化スコア」「数量化得点」などと呼ぶことがある．アイテム・カテゴリー型のデータ表（インジケータ行列）の多重対応分析で得た標準座標と数量化Ⅲ類から得たスコアは一致する．しかし，一般には，多重対応分析では主座標が使われることが多い．

本書で述べる多重対応分析では，幾何学的な射影をもとに主座標を導出するが，数量化Ⅲ類ではデータ表の行要素と列要素に対して付与されたスコア間の相関係数を最大化することで標準座標（スコア）を導出する．

⟶ 主軸，座標，2元データ表，アイテム・カテゴリー型データ，インジケータ行列

● 主軸 (principal axis)，主平面 (principal plane)

「主軸」とは，データ表に対応分析や多重対応分析を適用して得られる主座標の軸のこと．対応分析や多重対応分析で得られた固有値（主座標の分散 λ）または特異値（主座標の標準偏差 $\sqrt{\lambda}$）の大きさに対応させて，大きいほうから順に第1主軸，第2主軸，…と呼ぶ．2つの主軸によって構成される平面を「主平面」という．たとえば，はじめの3つの主軸（第1主軸，第2主軸，第3主軸）によって構成される平面を「第1－2主平面」「第1－3平面」などという．

⟶ 主座標，固有値問題と固有値，特異値分解と特異値

● 主成分分析 (PCA：principal component analysis)

複数の連続変数からなる多変量データ（多次元データ）に対する解析法の1つ．幾何学的データ解析においては，主成分分析は，多変量データの個体および連続変数をより低次元の空間に射影する分析方法と解釈されている（たとえば第2章の「射的データ」の例）．なお，多くの場合，主成分分析は，変数の一次結合という合成変数（合成指標）を作る方法と解釈されている．

⟶ データ行列

● 準拠母集団 (reference population)

典型性検定において想定する全体の集団のこと．典型性検定では，「一部分の集団（部分雲）における平均点が，全体の集団（準拠母集団）の平均点と同じ」を帰無仮説とする統計的有意検定を行う．

⟶ 典型性検定

● 信頼領域 (confidence zone, confidence region)，信頼楕円 (confidence ellipse)

1次元における信頼区間を2次元に拡張した場合をいう．たとえば，データが2変量正規分布に従っている場合，もしくは，標本の大きさが大きく，中心極限定理が適用できるような場合，信頼領域は平均点を重心とする楕円（信頼楕円）となる．

⟶ 集中楕円，信頼楕円，指示楕円

● 親和性 (affinity)

本書では，主に社会学で用いられる「選択的親和性」(elective affinity) を念頭にこの語を用いている．

● 数量化法 (quantification method)，数量化理論 (quantification theory)

林知己夫によって提唱された多次元データ解析手法の1つ．数量化Ⅰ類から数量化Ⅳ類まで（場合によっては数量化Ⅵ類まで）ある．本書に関連する方法は数量化Ⅲ類（パタン分類）である．とくにアイテム・カテゴリー型行列（本書でいう指示行列，インジケータ行列）に対する数量化Ⅲ類の数値的な結果は，多重対応分析における標準座標と同じ結果となる．なお，数量化Ⅰ類〜Ⅵ類のローマ数字を付与した呼称は，飽戸弘による命名とされる（森本，2012）．

⟶ 指示行列，インジケータ行列

● 節約の原理，ケチの原理 (parsimony principle)

"parsimony principle" を「節約の原理」「ケチの原理」などという．やや古い言い方で「オッカムの剃刀」(Occam's razor) とも呼ばれている．事象やモデルを説明するには，なるべく最小限の仮説やパラメータで済ませるべきであるという考え．もしくは，より広い意味で，思考の節約を図るべきであるという考えのこと．

● 遷移方程式 (transition formula)，第1遷移方程式 (first transition formula)，第2遷移方程式 (second transition formula)

本書では，多重対応分析における2つの遷移方程式を，それぞれ「第1遷移方程式」と「第2遷移方程式」と呼んでいる．カテゴリーの主座標から個体の主座標を求める式を「第1遷移方程式」という．一方，個体の主座標からカテゴリーの主座

標を求める式を「第2遷移方程式」という．これらの具体的な式については，p.58
を参照．

—→ 回答パターン，カテゴリー，主座標

● **相関比（correlation ratio）：η，群間寄与率（between-contribution）**
　群間分散を全分散で割った値の正の平方根のこと．本書では，これを記号η
（イータと読む）で表している．また相関比の二乗（η^2）を，「群間寄与率」とも呼
ぶ．本書の付録にある記号の説明を参照（p.143）．

—→ 群内寄与率

● **対応分析（CA：correspondence analysis），単純対応分析（simple correspondence
analysis）**
　いくつかの条件を満たす2元データ表において，行プロフィルおよび列プロフィ
ルを低次元の空間に描く分析．「いくつかの条件」とは，①データ表のセル内にお
ける数値が非負の値であること，②行プロフィルあるいは列プロフィルを考える
意味があること．典型的な例としては，2元クロス表や分割表がある．なお，行プ
ロフィル（あるいは列プロフィル）とは2元データ表の行（あるいは列）の相対
度数のこと．対応分析を多重対応分析と区別するために「単純対応分析」（SCA：
simple correspondence analysis）と呼ぶことがある．

—→ 幾何学的データ解析，2元クロス表，分割表，データ行列

● **多次元尺度法（MDS：multi-dimensional scaling method），計量的MDS
（metric MDS），非計量的MDS（nonmetric MDS）**
　類似度や非類似度（距離など）の多次元データから，そのデータの構造をなるべ
く低次元の空間へ射影する（布置する）ような座標を求める分析手法の総称．大別
して，計量的MDSと，非計量的MDSがある．

—→ 最適尺度法

● **多重対応分析（MCA：multiple correspondence analysis）**
　「個体×質問」の形式であるデータ表から作った指示行列（インジケータ行列）
に適用する対応分析のこと．

—→ 指示行列，インジケータ行列

● **データ（data），観測値（observation, observed value），測定値（measurement
value），質的データと量的データ（qualitative data, quantitative data）**
　「データ」という語句の定義や用い方は，実はやや曖昧にみえるが，多くの辞典
によると，大きく2つの意味がある．

①物事の判断の基礎となる事実，あるいは参考とする資料や情報のこと．②コンピュータ処理が可能なデジタル化された，あるいは記号化・符号化された情報のこと．

データ解析におけるデータは，観察あるいは測定を通じて収集される特性や情報のことをいう．このことから，観測値（observation, observed value）あるいは測定値（measurement value）という言い方も用いられる．多くの場合，このデータを質的データと量的データに分けて考える．これを尺度（scale）による分類と対比させると，質的データとは名義尺度や順序尺度を指し，量的データとは区間尺度や比例尺度のことをいう．

⟶ 質的変数，カテゴリカル変数

● **データ解析（data analysis），フランス流データ解析（Analyse des Données）**

Benzécriによって提唱された，確かなデータに基づく分析や考え方の総称．一般にいう「データ解析」（data analysis）のことだけでなく，より広い枠組みで探索的・帰納的に分析に対応する姿勢，理念をいう．

⟶ 帰納的データ解析

● **データ行列（data matrix），データ表（data table）**

分析対象とするデータセットのこと．本書ではとくに行側を個体，列側を変数とする「個体×変数」の行列形式となったデータを扱う．これを「データ行列」あるいは「データ表」という．また，これを「多変量データ」ということがある．本書でも調査における回答者からの多数の質問項目に対する回答から得た「個体（回答者）×質問項目（変数）」の形のデータ表が分析の対象となる．厳密には個々の個体について，多数の変数（多変量）を同時的に観測することを前提として考えている（つまり等質的であることを前提としている）．実際にこれを守ることは難しく（たとえば，多数の質問項目に対して同時的に回答が得られるとは限らない），多くの場合，非等質のデータ表を扱わねばならない．

⟶ データ，質的変数と量的変数，2元データ表，コーディング

● **点雲（cloud of points），雲（cloud），点またはデータ点（point）**

「点雲」とはデータ点の集合のこと．単に「雲」ともいう．データの布置（データの分布）の様子を，「雲」に喩えたもの．「データ点」とは，たとえば「個体×変数」の2元データ表の行や列のこと，もしくは，それらの行や列を散布図にプロットしたときの個々の点のことをいう．これの概念図はp.3の図1.1を参照．なお，フランス語では"nuage"（雲）である．フランス語で書かれた関連書では，この「雲」という語句が頻出する．Benzécriが自らの講義・発表や論文・研究報告の中でこの

言葉をよく用いたとされる（M. Roux，L. Lebart の私信）．

● 典型性検定（typicality test）

「N 人の個体からなる雲全体（準拠母集団）の平均点と，その全体の一部分から構成された n 人の個体からなる部分雲の平均点が同じである」を帰無仮説とした統計的仮説検定のこと．本書では，「並び替え検定」の枠組みをもとに近似的な p 値を導出している．

⟶ 準拠母集団，並び替え検定

● 点に対する軸の寄与率（contribution of axis to point）

⟶ 表現品質

● （点の）寄与率（contribution）

本書では，ある点が各主軸にどれだけ寄与しているかの割合のことをいう．ただし，一般に，主成分分析で「寄与率」という場合，各主軸（主成分）がデータ全体の示す変動に対して占める割合のことを指す．

⟶ 分散率

● 同質性検定（homogeneity test）

「2つの部分雲の平均点は同じである」を帰無仮説とした統計的仮説検定のこと．本書では，並び替え検定の枠組みをもとに近似的な p 値を導出し，これを用いて議論している．

⟶ 並び替え検定

● 等質性分析（homogeneity analysis）

オランダの Gifi グループ（研究者グループ名）が提唱した多次元データ解析手法の1つ．たとえば，Gower と Hand（1996, pp.61–63）を参照．

⟶ 対応分析，多重対応分析

● 特異値（singular value），特異値分解（SVD：singular value decomposition）

特異値分解や特異値については，本書の付録（p.144 から）に簡潔な説明がある．対応分析や多重対応分析とは，基本的には所与のデータ表にこの特異値分解を適用することである．なお，ある行列（たとえば所与のデータ表）$\mathbf{A}$ について，$\mathbf{A}'\mathbf{A}$ の固有値（通常，複数ある）を λ としたとき，この $\mathbf{A}$ の特異値分解で得られる特異値は $\sqrt{\lambda}$ となる．

⟶ 固有値問題，固有ベクトル，固有値

● 独立変数（independent variable），従属変数（dependent variable）

回帰モデルの入力系となる変数を「独立変数」といい，その条件のもとで得られる出力系の変数を「従属変数」という．たとえば，ある化学製品において，ある物質の濃度（$X1$）と，処理時間（$X2$）があり，それらを与えたもとで得られる歩留まり（Y）を調べるとする．この場合，$X1$ と $X2$ が独立変数，Y が従属変数である．回帰モデルにおいては，独立変数を「説明変数」「予測変数」「因子」「入力変数」「特徴」と呼び，従属変数を「目的変数」「応答変数」「反応変数」「被説明変数」「出力変数」と呼ぶなど，さまざまな呼称がある．

● 並び替え検定（permutation test）

これを「並べ替え検定」もしくは「確率化検定」（無作為化検定，ランダム化検定：randomization test）と呼ぶこともある．なお，「並び替え検定（並べ替え検定）」と「確率化検定」は，別の検定とみなす場合もある．並び替え検定は，母集団分布を仮定しないノン・パラメトリック検定の1つである．標本データをランダムに並び替えることによって，検定統計量の分布を求める．データ量が大きい場合には計算の組み合わせ数が膨大となるが，そのような場合でも乱数シミュレーションによって，ほぼ正確な p 値を求めることができる．なお，本書の並び替え検定では，正規近似を主に用いている．1標本の t 検定を並び替え検定の近似とみなす数値例が，Fisher（1935，第3章）にある．また，2標本の t 検定を並び替え検定の近似とすることについての説明が，Fisher（1936）にある．

→ 同質性検定

● バート表（Burt table），バート雲（Burt cloud），多重クロス表（multiple cross-classified tables）

2つ以上の質問項目（変数）からなるデータセットがあるとき，2つの質問項目のすべての組み合わせについて作った複数の2元クロス表を，行側と列側に並置して得られる対称行列をバート表という．Burt によって考案されたのでこの呼称がある．またこれを「多重クロス表」と呼ぶことがある．対角ブロックには各質問項目の自分自身のクロス表，つまりその質問に含まれるカテゴリーの周辺度数を対角要素とする対角行列が置かれ，非対角部には異なる2つの質問のクロス表が置かれる．たとえば，3つの質問の場合，p.63 の表 3.2 のようなバート表となる．表 3.1（p.52）の右側にある指示行列から，表 3.2（p.63）にあるようなバート表が得られる．

→ 指示行列，インジケータ行列，アイテム・カテゴリー型行列

- **バート表の平均平方関連係数：Φ^2_{Burt}（mean square contingency coefficient of Burt table）**

バート表の平均平方関連係数は，p.61 にあるように次式で与えられる．

$$\Phi^2_{\mathrm{Burt}} = \frac{1}{Q}\left(\frac{K}{Q}-1\right) + \frac{Q-1}{Q}\overline{\Phi}^2$$

まず，次の関係式を用意する．

$$
\text{バート表の} \chi^2 \text{統計量} = \left[\text{バート表の対角ブロックにある } Q \text{ 個の } \chi^2 \text{統計量}\right] + \left[\text{バート表の非対角にある } Q(Q-1) \text{ 個の } \chi^2 \text{統計量}\right] \quad (*)
$$

いま，ある 2 元クロス表について $\Phi^2 = \frac{\chi^2}{n}$（= 全慣性）または $\chi^2 = n\Phi^2$（ここで Φ^2 は平均平方関連係数を，また n はクロス表の全度数を表す）の関係があることに注意して以下を確認する．

$$\text{バート表の対角ブロックにある } Q \text{ 個の } \chi^2 \text{統計量} = n(K-Q),$$

$$\text{バート表の非対角にある } Q(Q-1) \text{ 個の } \chi^2 \text{統計量} = nQ(Q-1)\overline{\Phi}^2$$

ここで，$\overline{\Phi}^2$ は，バート表の非対角にある $Q(Q-1)$ 個の 2 元クロス表，それぞれの Φ^2 の単純平均を表す．

さらに，バート表の全度数が nQ^2 であること（p.63 の表 3.2，および上の例としたバート表を参照）に注意して，以上の関係式を上の式（*）に代入すると，Φ^2_{Burt} は以下のようになる．

$$
\begin{aligned}
\Phi^2_{\mathrm{Burt}} &= \frac{\text{バート表の} \chi^2 \text{統計量}}{nQ^2} \\
&= \frac{1}{nQ^2}\left[n(K-Q) + nQ(Q-1)\overline{\Phi}^2\right] \\
&= \frac{1}{Q}\left(\frac{K}{Q}-1\right) + \frac{Q-1}{Q}\overline{\Phi}^2
\end{aligned}
$$

なお，これらの式に関連して，Greenacre（2007）の p.149 を参照のこと．

⟶ カイ二乗統計量，平均平方関連係数

- **表現品質（quality of representation of a point）**

各点が該当の軸によってどれくらい近似されているか，換言すると，各点が該当の軸によってどれくらい説明されているか（軸の説明力）を示す指標．文献によっては，これを「相対寄与度」（relative contribution）あるいは「平方相関」（squared correlation）と呼ぶことがある．

⟶ 分散率

● **部分雲（subcloud）**

「部分雲」は，特定の群に属するデータ点の集合のこと．つまり，データ全体（全雲）ではなく，その一部分のデータ集合のことをいう．

⟶ 点雲，点またはデータ点

● **分割表（contingency table），2元分割表（two-way contingency table），2元度数表（two-way frequency table），2元クロス表（two-way cross-classified table），2元データ表（two-way data table）**

複数のカテゴリー変数からなるデータをクロス分類して得られる表のこと．表の各セルの要素は，複数のカテゴリー変数の選択肢の組み合わせに対応する個体数（度数）である．通常用いる分割表は，2つのカテゴリー変数を行と列に対応させて作られる表であり，そのような表を「2元分割表」，「2元クロス表」などと呼ぶ．なお，「2元データ表」とは，通常は「個体×変数」の行列形式のデータ表のことをいう．

⟶ データ行列

● **分散基準（variance criterion）**

本書では，凝集型階層的分類法で，個体間あるいはクラスター間を結合するときの基準の1つとして説明している．こうした基準として，類似度・非類似度，等質性の基準（例：平方和や分散）などを用いる．たとえば，ウォード法はクラスターの等質性の基準として分散（または平方和）を用いる．

⟶ 凝集型階層分類法，クラスター化法

● **分散率（variance rate），修正分散率（modified rate），修正分散率の累積和（cumulated modified rate），擬似固有値（pseudo-eigenvalue）**

データ全体に対する各主軸の寄与を表す指標に「分散率」がある．これは，ある主軸（αとする）の分散（固有値）λ_αを全体の分散（固有値の総和）V_{cloud}で割って得られる値（割合）のこと．分散率は，その主軸（α）の説明力を表す指標として用いる．対応分析の場合に比べて，多重対応分析の場合には，この分散率がかなり小さくなる（寄与率の程度が過小評価されてしまう）．これを避けるため，Benzécri（1992, p.412）は，各主軸をよりよく評価する指標として「修正分散率」を提唱した．この修正分散率の算出には「擬似固有値」を用いる．この修正分散率を第1主軸から順に累積した値を「修正分散率の累積和」という．なお，主成分分析では，「分散率」のことを，各成分（次元）の寄与の程度を測る「寄与率」（contribution rate）ということがある．

⟶ 主軸，雲全体の分散

● **平均点（mean point），重心（barycenter）**

「平均点」とは，全体の雲や部分雲の「重心」のこと．とくに2次元の場合には，(X値の平均値，Y値の平均値) を座標とする点が平均点である．つまり，このような雲の平均点は，物理学で言うところの「重心」となっている．なお，多重対応分析・対応分析・主成分分析においては，射影雲の平均点は，主座標から求められる．

$\longrightarrow$ 主座標

● **平均点の寄与率（contribution of a mean point）：Ctr_C**

ある雲の平均点がその雲全体に寄与している割合のこと．本書では，これを記号「Ctr_c」で表している．

$\longrightarrow$ 平均点

● **平均平方関連係数（mean square contingency coefficient）：Φ^2**

2元クロス表あるいは分割表における2つの質問間の関連性を測る指標（連関性の測度：measures of association) の1つ．$\Phi^2 = \frac{\chi^2}{n}$（ここで χ^2 はカイ二乗統計量，n は標本の大きさ，つまり2元クロス表に含まれる全度数）．なお，これの正の平方根を Φ 係数（ファイ係数）という．また，この Φ^2 は，2元クロス表の対応分析で得られる固有値の総和つまり全慣性に等しい．Everitt (1977)，Everitt と Wykes (1999) を参照．

$\longrightarrow$ カイ二乗統計量，慣性

● **ホイヘンスの定理（Huygens' property）**

物理学における慣性モーメントに関する定理のうちの「平行軸の定理」のこと．たとえば，1変数の場合，個々の測定値 x_i $(i = 1, 2, \ldots, n)$ のある任意の定数 c からの偏差の2乗和は，次のように，その測定値の平均（$\bar{x}$）からの偏差の2乗和と，平均（$\bar{x}$）と c の差の2乗を n 倍した和との和に分解される．

$$\sum_i^n (x_i - c)^2 = \sum_i^n (x_i - \bar{x})^2 + n(\bar{x} - c)^2$$

［定数 c の回りの偏差平方和］＝［平均（$\bar{x}$）の回りの偏差平方和］＋［平均（$\bar{x}$）と c の差の2乗の n 倍］

この関係を幾何学的に2次元以上に一般化すると，ここでいう「ホイヘンスの定理」となる．また，この定理を使えば，分散分析における「平方和の分解」を導出できる．

Escoufier と Pages (1990, p.246)，Gower と Hand (1996, p.10)，Le Roux と Rouanet (2010, p.79, p.81) を参照．

　なお上の式を「最小化する c の値を求める」という問題として考えると，$c = \bar{x}$，つまり平均の回りの偏差平方和となる．

● 星を付与する方式（star system）

　p 値（有意確率）が5%以下の場合はアスタリスク（*）1つ，1%以下の場合はアスタリスク2つ，0.1%以下の場合にはアスタリスク3つ，というように統計的検定の結果を表示する際にアスタリスクを付ける方式のこと．

$\longrightarrow$ 統計的に有意な，p 値

● 有意な（significant），統計的に有意な（statistically significant），p 値

　得られた数値的結果（たとえば回帰係数）を（帰無仮説に対して）統計的に意味があるとみなす場合に，「（統計的に）有意である」という．一般に，確率が5%以下であれば「有意」とみなす慣習が用いられてきた．しかし，最近はそのように閾値を設けて二分法的に判断する方式に対して，また p 値（有意確率）の使い方を巡ってさまざまな批判や意見がある．たとえば，Wasserstein と Lazar，Cumming（2014）を参照のこと．

$\longrightarrow$ 星を付与する方式

● 量的変数（quantitative variable）

　量的データ（区間尺度，比例尺度）を変数として扱うこと．

$\longrightarrow$ データ，量的データ

索　引

人名索引

〈訳者〉

大隅　昇　（おおすみ　のぼる）
統計数理研究所・名誉教授

小野 裕亮　（おの　ゆうすけ）
SAS Institute Japan 株式会社

鳰　真紀子　（にお　まきこ）
フリーランス翻訳家

多重対応分析

2021 年 7 月 16 日　　第 1 版第 1 刷発行

著　　者　Brigitte Le Roux・Henry Rouanet
訳　　者　大隅　昇・小野　裕亮・鳰　真紀子
発 行 者　村 上 和 夫
発 行 所　株式会社 オ ー ム 社
　　　　　郵便番号　101-8460
　　　　　東京都千代田区神田錦町 3-1
　　　　　電話　03(3233)0641(代表)
　　　　　URL https://www.ohmsha.co.jp/

© オーム社 2021

組版　トップスタジオ　　印刷・製本　壮光舎印刷
ISBN978-4-274-22605-2　Printed in Japan

本書の感想募集　https://www.ohmsha.co.jp/kansou/
本書をお読みになった感想を上記サイトまでお寄せください。
お寄せいただいた方には、抽選でプレゼントを差し上げます。

対応分析の実践的ガイドの翻訳書！

Correspondence Analysis in Practice, Third Edition

対応分析の
理論と実践
基礎・応用・展開

Michael Greenacre [著]
藤本一男 [訳]

Ohmsha

対応分析の理論と実践
基礎・応用・展開

Michael Greenacre [著]　　**藤本一男** [訳]
B5判・352頁・定価(本体4800円【税別】)

　本書は、著者自身による長年のセミナー経験での検証を経た極めて実践的な本であると同時に、今も発展を続ける「対応分析」の理論的な先端部分へのガイドともいうべき原書の翻訳出版です。

　Rの普及によって、かつてであれば高価なコンピュータ環境がなければ実践できなかったような高度な多変量解析が手軽にできるようになっていますが、対応分析もその1つです。しかし、「わかりやすい」グラフィカルな出力を特徴とする対応分析に関する解説も増えているものの、その正確な解釈は簡単ではないのが現実であり、ほとんどの解説書は、グラフを描画するところまでというのが実情です。

　本書は、数理的な基礎は最小限にとどめ、その結果の解釈において注意しなくてはならない点について、事例をもとに（サポートサイトでのRのスクリプトまで配布されている）わかりやすく説明しています。

もっと詳しい情報をお届けできます.
◎書店に商品がない場合または直接ご注文の場合も右記宛にご連絡ください.

| ホームページ | **https://www.ohmsha.co.jp/** |
| TEL／FAX | TEL.03-3233-0643　FAX.03-3233-3440 |

（定価は変更される場合があります）